U0098965

金塊文化

重新訂價

懂得改變 讓你贏得千萬身價

樹德科技大學
流行設計系名師 陳冠伶◎著

推薦序一

在小我與大我間的悠遊——從心閱讀「她」

暑假期間，接到冠伶老師的電子郵件，希望我能在她的新書上寫個序文，我真是又驚喜、又恐慌。心想，我既不知名，也沒有任何成就，何其幸運可為在學術界與企業界占有一席之地的教授級人物寫序；家人則取笑説，看來年齡已進階到可以寫推薦序的層級了。

最後在虛榮心作祟下，我不僅答應，還每天期待著新書的到來，可以將連月來的構思好好發揮一下，也談談這幾年我與冠伶老師在多項活動與專訪中的互動，包括她的各項新書發表、進入中年再獲麟兒、她的女兒與我兒子就讀同一所大學周邊的美食與景點，都是可分享的，但，拿到新書電子檔時，我真的傻眼了。

原以為專長是美髮領域的冠伶老師，鑽研的應是與美髮歷史、或脈絡有關聯的主題，但卻是一本名為《重新訂價》的著作。老實講，一開始字字咀嚼，還頗艱澀，直到五、六頁後，開始燃起興味，內斂而含蓄的用詞與舉例，有社會學、心理學、行銷宣傳、企業管理、經濟統計、文創、寓言、時事議題、親情、愛情、友情等多面向的剖析，以及個人的經驗故事。讀完，讓我開始從「小我」的審視、「大

我」的環顧、「無我」的修煉、「有我」的謙卑，去省思冠伶老師在書中送給我們的提醒與訊息。

因為這本《重新訂價》，讓我看到「冠德群芳、伶瓏秀緻」的冠伶老師，既瘦弱又時髦的她，很難從外表窺出她對周遭人事物的眼光是如此犀利；而她在書中對人性的微觀，更是細膩。「它」是一本要用心體會的書，您也可以在書中閱讀到「她」的存在。

劉秀珠

（樹德科技大學新聞秘書）

推薦序二

我值多少？自己決定！

在美國及兩岸四地教學二十多年了，我最喜歡問學生的問題之一就是：「當你求職時，面試官問你期望的薪資及福利，你怎麼回答？」而最經常得到的答案是「依公司規定。」

「但你心中都沒有一個想要的待遇嗎？」

「有啊！」

「這待遇是怎麼得出來的？是你需要的？是你想要的？還是你值得的？」

「……！？」談話終止。

親愛的讀者們，你可以回答這個問題嗎？

我們的生命由誰來訂價？這樣一個重要的問題，不論我們之前的思考重心為何，今天起由陳冠伶老師的《重新訂價》這本書，為我們開啟了追尋答案的新方向。

冠伶老師的專長是流行設計，也是業界名師，社會名嘴。她之前所發表的著作及演講，多在指引我們如何形塑外觀的美好；但在加拿大國立皇家大學進修MBA專業課程之後，她體會到由外在美透視內在美的人性需求，且發現藉由內涵外顯，外形內蘊，我們更能成為內外兼修的生命達人。由個人形象系統PIS（Personal Identity System）的角度來看，亮眼的外形（VI, Visual Identity）要經由幽雅的行為

（BI, Behavior Identity）來呈現，而幽雅的行為需要發自真誠的心（MI, Mind Identity）。

這本精彩好書，就是冠伶老師把自己美麗豐富的生命經驗奉獻出來，以幫助每一個讀者由外到內，再由內返外來妝點自己、成就自己，為自己的人生重新訂價。所以內文17個章節包含了外在能力的「核心競爭力」、「五力及經營策略」、「人際關係及溝通」、「魅力形象塑造」等重點；而內在修為的「自信與情緒」、「服務精神及時間管理」、「創造力及多元能力」、「行銷與知名度」、「理財規劃」等，都有精彩的介紹。

更棒的是冠伶老師大量使用顯而易懂的故事及例證，卻又賦予它們新的詮釋、新的生命，使讀者們能在輕鬆的閱讀中發現內心的共鳴，得到深刻的啟發。

誠然，在紅塵中打滾的我們是要根據職場/市場的需求為自我訂價，但正如Charles Baudelaire在1859年沙龍風景畫的評論中所說：「如果一片風景——也就是一片樹木山水的集合——是美的，那它不會是因為自己而美，而是透過我而美，即透過我的風緻，透過我加給它的思想或感情而美。」

世俗為我們生命訂的價，唯有經過我們的認可後才算數！祝願讀者們在為自己重新訂價時，細細品味，真誠思考。

劉廷揚 謹誌

民國100年10月10日於台北社子島

（台北海洋技術學院校長、國立高雄師範大學人力與知識管理研究所教授）

推薦序三

追求新世代的價值

前幾天，在越南河內一位當地好朋友的家裡，朋友14個月大的小兒子看到我從手提袋裡拿出iPad 時，眼神突然一亮！隨後，我看著這個小傢伙對著眼前的這個「玩具」，以靈活的手法在觸控螢幕上來回地滑動，認真地等待著，等待著這個動作會讓他所熟悉的遊戲從螢幕上跳出來。

這一幕讓我傻眼了！我好奇地詢問，為何這個剛學會走路的小朋友會有如此驚人之舉？答案是：他50多歲的阿嬤，每天都是帶著這個小孫子與iPad到鄰居家串門子、讀新聞、聽廣播，而裡頭的遊戲自然成了哄騙小孫子哭鬧時最佳的「武器」！

那一晚，看著這一老一小，我在想：「20年後，我們的孩子將生活在甚麼樣的環境？他們又該準備甚麼樣的能力，以便在那樣的世代裡生存與競爭？」

在21 世紀的現在，原本阿嬤手持著的傳統收音機，現在竟已變成了iPad裡線上同步的廣播與有聲書。在越南傳統的舊社區裡，一個老老的阿嬤，跟她手上這個高科技產品配搭起來，好像也別有一番風情……。

時代在改變，對人們基本能力的要求也跟著在改變，同時也影響了「做成功的自己」所需要的各項條件。企業徵才時，從過去單一專業的要求，到現在培養「跨領域的多把刷

子」，成了我們鼓勵學生作為準備自己的方向與原則。

如何認識自己，瞭解大環境的轉變，為自己在符合企業所需、符合社會期待及聽從內在聲音三者之間，成功地找到平衡點，創造自己的藍海，成了每個人成長道路上的重要課題。

冠伶的這本書，在這個轉變的世代裡，為如何「重新為自己訂價，永續經營自己」，提供了有效的方法與策略。她把每個個體的成長，看成是經營一家名為**「我」**的公司，從個人層次的自我瞭解與分析，時間、情緒、財富的管理，如何有智慧地與人溝通，打造自己，進而讓人際關係變成經營管理的有效資源，到如何透過不斷的學習與進步，找出屬於自己的藍海……，她所分享的，除了有自己的理解，還有親身實證的經驗。

不同於一般的理想與口號，這本書像是個教戰手冊，讓讀者可以依循著不同的方式與步驟，一步步地練習，做為學習認識與經營自己過程中的寶典。相信讀者將會在她經營自己的經驗中，找到自己的價值，並重新為自己訂價！

陳碧雲 博士

October, 2011 On the move

（樹德科技大學海外副校長）

推薦序四

「想遠，細看，做實」的實踐

接到了冠伶的邀稿，希望我幫她的新書寫序，說實在有點受寵若驚，因為我跟她的流行設計專業完全沒關係，只有幾次受邀在學校她的課堂上講授過職涯規劃跟行銷自我的課程。看了書後，我相信她一定有要我為她寫序的理由。個人意會理由有三：一，她是我在Royal Roads University , Canada . MBA碩士班的學妹，因為我們曾一起接受MBA課程的薰陶，所以在企業管理的理念應該系出同門；二，我幫她的書校過稿，也許她相信我的文筆；三，我的專業跟她完全沒有關係，所以沒有同業相忌的衝突。（以上是我個人臆測，如有雷同純屬巧合。）

冠伶之前出的書都是與美髮專藝有直接關係，例如美髮專業、個人自傳等，沒想到年中時收到她的邀稿，才知道她又將出新書了。看到這本《重新訂價》的初稿，乍看書名，還以為這是流通市場行銷書籍，看了前文及目錄後，才知道這本書應該是定位工具兼勵志型的書。

很佩服冠伶在專業設計的領域中還能對市場行銷學有那麼大的體會，讓我這個自認在行銷領域混了十幾年的人感佩萬分。這也讓我不得不欽佩冠伶除了在中年得子之餘，又能更上層樓寫了這本結合自我行銷、管理及創造財富的工具書。這絕非一般等閒之輩所能以毅力完成的。

冠伶的這本《重新訂價》，讓我們重新對自己的人群定位審視了一遍。自我存在的價值在於被社會利用，當我們出社會後也一直在人群社會中體驗人際關係的重要性，大家都在從事價值交換的工作。所以在職場中與同儕相比，我們也一直在追求如何讓自己的職位更高，學習如何讓自己的能力更好，如何讓自己獲得更好的物質享受，甚至獲得更好的財富回饋。

書中告訴我們，這些都是有方法可依循，只是機會您有沒有把握住罷了。書中的理論與案例點醒了我們，告訴我們一入社會就要能立下目標，這點對即將進入社會的新鮮人真的有很大的啟發作用，就算是已入社會的年輕人，現在獲得這樣的訊息也來得及改變自己的習慣。

有句話說：性格決定命運，習慣決定行為，態度決定高度。有了好習慣可以成就大未來，這也是冠伶這本書激勵我們善用人際，訂定目標，進而把握機會，成功自然來的道理。

另外，書中也告訴我們善用時間的重要性，在大前研一的《OFF學》中，我們知道善用時間的好處，但真正能實踐自我，善用並能規劃自我時間的人並不多。記得每次有朋友來電問候自己時，最常被問到的是「最近都在忙些甚麼？」，我們也都很心虛的回答，「就是很忙」，但到底在忙甚麼？可能又說不出個所以然，只是為了工作而工作，而且永遠都只在解決眼前的瑣碎問題。因此可能就為了解決眼前的問題，進而一再地放棄自我休閒或是與親人相處的時間。這種種狀況都值得自我省思。

在人生的旅途中，我常跟別人提及人在社會需具有三量：初入社會的年輕人，全身充滿了「力量」，可以恣意去碰撞人事物；當在職場一段時間後，方塊石也會變圓，這時也許已達三十壯年，甚至當個小主管，這時就必須具備「度量」，有了度量，才能有溝通協調的能力；待步入中年，往往在思考如何面對未來的生活，此時當自己已具備各種能力時，是否已經有了創業的念頭，這時只有具備「膽量」的人，才會勇於突破自我，創造自己的另一片天地，否則可能只是庸庸碌碌的過完一生。這就是人生的三量：力量→度量→膽量。

創造財富的確是每個人都在追求的目標，如何「想遠，細看，做實」，是件知易行難的事。我想冠伶這本新書，已經將她個人目標的「想遠，細看，做實」給實現了。藉此也恭賀冠伶，人生的近期目標都讓您達成了，希望除了百年樹人的教育傳承以外，能將您美的專業藝能，更廣泛地發表應用在我們的周遭，相信社會一切都將會更美好。與您共勉之。

朱嘉弘博士 謹記

（台灣商捷企業執行長）

自序

你知道嗎？其實每個人都在經營一間公司喔！一間只屬於自己的公司，一間獨一無二的公司，一間名為**「我」**的公司。

這間**「我」**，不管你有沒有發覺到它，也不管你有沒有在經營，它都是存在的。它可能只開業十幾年而已，也可能已經營運幾十年了；它可能正被處心積慮地發揚光大，成長茁壯，也可能完全被屏棄於一旁，遭到冷落；甚至，它還更可能完全沒有被意識到。無論你的這間**「我」**之前處於什麼樣的狀態，當你開始對這本書產生興趣時，就是**「我」**將更上層樓之時。

這間**「我」**可不只是一間簡陋的小公司而已，它裡面還包含了很多的部門及系統，包括掌握人才與訓練口才的教育部門、擅長溝通與處理人際的公關部門、統合時間與各類資源運用的管理部門、理財用錢的審計部門、針對大事小事進行回饋的分析系統等，在所有部門的分工運作、精益求精之下，**「我」**會在社會中找到市場，**「我」**也會在市場上訂出漂亮的價格。但相反的，若有些部門罷工了，甚至還出現互相詆毀的情形，那麼**「我」**的處境將如履薄冰、岌岌可危。

我在各地演講及教學多年，發現許多人的**「我」**都遇到了營運不怎麼順利的問題，市面上很多書只教我們怎麼做團隊的領導人、怎麼爬到社會中20%的位置、怎麼分得80%的錢財與資源，但卻總是忽略了「現實」的問題。並非所有人都追求著社會中的頂尖，也是有許多的人想待在原本的人生定位，所以我希望能讓在各個位置的人都能擁有更好的生活。

這本《重新訂價》就是為了這個理由而誕生的。書中將會拆解**「我」**公司內的每個部門及各部門的工作內容以進行細談。當你詳讀這本書後，請試試跟著書上的步驟實行，我常常說：「做中學，學中做」，當你在執行的過程中遇到挫折時，千萬不要氣餒，反而更應該在挫敗當中學習並領悟。如此一來，相信你一定可以將**「我」**——重新訂價！

CONTENTS

3 創造優勢的五力分析 / 50

4 邁向成功學會運用策略 / 63

5 開拓你的永續經營之路 / 76

CONTENTS

維繫人際好關係 / 88

雙向的溝通智慧 / 101

打造形象新魅力 / 114

CONTENTS

1 不只是呼口號的目標

成功有兩種可能，第一種是沒有預先立場而水到渠成的成功，第二種則是立定志向，並朝著它努力向前，終致美好境界的成功。然而，第一類的人是屬於比較幸運的極小部分，對大多數成功的人而言，成功沒有第二法門，唯有許下承諾，朝著它一步步邁進，才是通往成功之路的正道。而這志向與承諾，通常我們簡單稱之為「目標」。

法國知名作家雨果曾說：「人們缺乏的不是力量，而是意志」，當我們成不了大事時，常常不是因為我們的能力太差，而是沒有足夠的意志力來支持我們。

而意志力正源於目標。《西遊記》中，白龍馬隨著唐三藏至西天取經歸來，被譽為「天下第一名馬」，全部的馬匹對牠羨慕讚賞不已，於是，很多充滿抱負想成功的馬，紛紛跑來問白龍馬：為什麼自己付出了這麼多，也非常努力地在做一匹馬，但卻一無所獲？白龍馬回答：「其實我跟唐僧取經時，你們大家也都真的沒有閒著，甚至比我還忙碌、還疲倦。當我走一步，你們也走了一步，只不過我的目標明確，十萬八千里我走到西天來回一趟，而你們卻在磨坊繞圈圈而已啊！」

在人生旅途中我們常忙忙碌碌，一天過了又一天，卻不知為何辛苦、為何忙？除此之外，生活上我們也常會遇到一些難以突破的障礙，如果有了目標，我們的眼光將會聚焦在障礙物的後方，不計一切代價越過它；倘若沒有了目標，我們就只會盯著眼前所看到的，滿眼都只是那些障礙物的艱困，或許我們會在那障礙前停滯不往，也大有可能就此放棄回頭。

這裡分享一個有關於目標影響力的實驗。這個實驗是將一群人隨機分派為三組，然後分別安排三組的人在不同的房間疊報紙。這三組人會從心理學家那兒得到不同的指示：第一組人只被交代要把報紙疊好；第二組人則被交代要在接下來的兩個小時內疊報紙；第三組人得到的指示更為仔細，他們被要求在兩個小時內至少疊出一定量的報紙。

實驗的結果出來了，第三組人疊報紙的成果最佳。這說明了，如果知道「將要做到什麼程度」，所得到的結果會比只知道「正在做什麼」更好。

在生活中，失去目標的人容易懶散，結果總是因時間溜走而一事無成；相反的，有目標的人，生活比較有方向，也容易有成就感。因為目標的一步步迫近，會帶來更努力向上的意志；而目標的完成，更能帶來心靈的滿足感。有目標的人不用被催趕，就知道自己接下來要做什麼；有目標的人不必等待別人的稱讚，就會因為自己達成了目標而感到自喜。

說了這麼多，你應該能體會目標之於我們的重要性了吧？接下來的篇幅，我將會介紹如何有效地訂定目標，及如何有效率的接近目標。

選擇目標

目標的基本原則一定要是「可行的」，也就是說目標必須要是「能夠通過努力實現」的，而非一幅空有美好前景的妄想。

訂定目標時，不一定要求高、求遠，它可以是業績目標、活動目標、學習目標、財務目標……等等，甚至也可以是當前的、很小很小的目標。好比說：

若你是位專職的家庭主婦，你的目標可以是——我要煮些很不一樣的菜色，讓老公和小孩覺得很新鮮、很開心；或是，我要丈夫一直死心塌地的愛著我。

若你是位學生，你的目標可以是——我這星期一定要把報告完成；或是，我十年之後要在中研院工作。

若你是位上班族，你的目標可以是——天天都可以早起，在上班前先去運動一下；或是，兩年後我要買到心愛的那部車。

若你是位老闆，你的目標可以是——今年的公司營業額要比去年增加20％；或是，五年內我要讓公司足以上市上櫃。

若你是位外科醫生，你的目標可以是——今天這臺刀我

一定要開得又快又精準；或是，五年後我要當上外科主任。

若你是位研究人員，你的目標可以是——我的這篇論文要能達到期刊的發表標準；也可以是，這兩天實驗要告一個段落，周末可以來個久違的休閒活動。

在選擇目標的時候，除了考慮「我『想要』的是什麼」之外，更應該考慮一下「我『需要』的是什麼」。下面是著名的人本主義心理學家馬斯洛（Abraham Maslow）提出的需求金字塔，他認為有些需求會優先於其他需要，所以我們會先滿足金字塔較下層的需求，然後逐一向上層追尋。

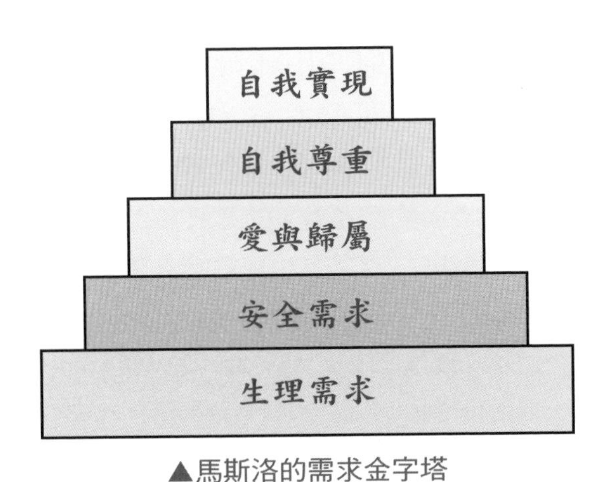

▲馬斯洛的需求金字塔

生理需求：對食物、水、空氣、睡眠和性等的需求，能有最基本的維生及延續生命功能。簡單的說，就是溫飽。

安全需求：需要感到世界的運作是有組織的、可預期的，期許生活是安全的、有保障的且穩固的，免於恐懼及不確定性。

愛與歸屬：需要愛與被愛，期待自己是被他人接納的，希望避免感到孤獨及人群的疏離。

自我尊重：也就是所謂的自尊。希望受到他人的尊重及認可，期待自己是有所成就的、有獨立性的，有一定程度的社會地位。

自我實現：期望能達到獨特的、卓越的地位，可以完全的發揮自我。

請依照這個金字塔的排列順序為訂定目標的參考依循，誠實檢視目前自己的狀態，由金字塔底端開始向上追求。若你現在已經衣食無缺，也擁有一個基本穩固的安全條件之下，你的目標可訂在追求獲得愛與歸屬的精神層面。生理需求、安全需求、愛與歸屬是普遍大眾所渴望且可得到的，而自我尊重及自我實現是當滿足於所有生存渴望後，在心有餘力之下再去追求的目標。以此理論為參考，免於落入好高鶩遠、空訂目標，結果卻窒礙難行、屢感失望和挫敗。

捨棄目標

目標管理大師彼得．杜拉克（Peter Ferdinand Drucker）有句名言：「有成效的主管必先做最重要的事（first things first），至於次要之事（second things），……」，猜猜

這後面的空白要填上什麼？大多數的人都會在這兒填上「second」，但是——答錯啦，正確解答是：「都不做（not at all）」！

我們的教育總是告訴我們多做多益，但其實這是非常不正確的觀念。我們太常同時進行一堆在本質上不同的事，但到最後全都像蜻蜓點水般，沒有一件真正徹底完成。懂得取捨，想清楚什麼才是真正該做且正確有益的，然後再去徹底執行，才能事半功倍。並且切記：忙碌並不等於有成就。

曾有研究者把很多隻毛毛蟲放在一個大圓盤的外圍，讓牠們排成頭尾相接的一個封閉圓形。然後，這些毛毛蟲開始走動了，牠們蠕動著身軀像一排長長的旋轉隊伍，分不出頭也看不到尾。不久後，這名研究者在隊伍旁邊擺放了一些毛毛蟲喜歡的食物，起先，研究者預期毛毛蟲會為了吃食物而打散隊伍，向著食物的方向行進。但是，沒想到毛毛蟲們並沒有這麼做，牠們慣性地繼續圍著大圓盤，以同樣的速度蠕動了幾天幾夜，一直走到餓死為止。

這個故事讓你覺得無聊？還是心疼？真實社會中，我們不也常常盲目地向前走，而忘記調整方向或捨棄根本就是錯誤的目標。

如果你已經大概明白如何選擇目標和捨棄次要目標了，如何幫助自己確實達成目標呢？

將大目標化為小目標

在訂定目標時，有時會害怕目標遙不可及、無法達成，而不敢訂定所謂的目標，然而，其實只要將「大目標」轉換成幾個「小里程碑」，一切就不難了。就像這一個寓言故事：一個剛被組裝好的小時鐘，放在一堆舊時鐘之中，舊時鐘「滴滴答答」一分一秒地移動著。這時，一個舊時鐘對著新來的小時鐘說：「動起來吧！你已經來一會兒了，還不開始工作？」可是，小時鐘卻回答：「好恐怖喔，聽說要走完三千二百萬次，我們的工作才叫完成，要做這麼大的事，我怎麼可能吃得消呀，太折磨人了！」此時，只聽另一個舊時鐘說：「別害怕，你只要放輕鬆，每一秒鐘擺動一下就可以啦！」小時鐘又發出疑問的嘀咕：「世界上真有這麼容易辦到的事嗎？你騙我的吧？如果真的是這樣，我就試試吧！」小時鐘就這樣輕鬆地每秒鐘滴答走一下，在不自覺中，一年過去了，它果真完成了三千二百萬次的滴答滴答。

除了寓言，當然也有真實案例。1984年時，日本選手山田本一出人意料地勇奪國際馬拉松世界邀請賽冠軍，而這道成功之謎的解答，在山田的自傳中為我們解開了，他說：「在每次比賽之前，我都會先坐車把比賽的路線仔細地勘查過一遍並作筆記，將沿途比較醒目的標誌記錄下來，比如說第一個標誌是銀行；多久之後的第二個標誌是一棵大樹；經過幾公尺之後，第三個標誌是紅房子……就這樣一直計畫到

賽程的終點目標。比賽開始，我就以跑百米的速度衝向第一個目標，等完成第一個目標後，我又以一樣的心態和速度衝向第二個目標。四十公里的馬拉松比賽，就被我這樣劃分成數個小目標而變短跑競賽，之後便輕輕鬆鬆地完成了，如果我一開始就把目標訂在四十公里以外的那面終點旗幟上，我相信當我跑了十公里後，就已經心生放棄的念頭，疲倦不堪。」

由以上這兩則故事，你看出來了嗎？大目標很遙遠，光想就怕，何況是做呢？化成小目標之後就輕鬆、簡單啦，像切蛋糕一樣，將你的大目標化成小等分，是完成目標很重要的事。

下面要談的是：訂定目標就是將大目標預設成長程目標、中程目標、及短程目標，那麼現在就請你拿出一張紙，大膽嘗試寫下一個你的長程目標、中程目標、及短程目標，讓我們一起來做規劃。

訂定目標

長程目標

長程目標就是「終極目標」，也就是你最後要達成的總目標。它可以是五到十年，甚至是二、三十年後；它可以很大，大到買下數棟豪宅；它可以是成家立業、兒女成群；它可以是完成碩、博士的學歷；它可以是增加自己的第二專長。總之，它只要是符合上面所說的選擇目標及捨棄目標，就可以放膽地寫下，但記住，只能寫一個。

中程目標

中程目標就是把你的長程目標做切割劃分，以時間分、或以事件分。比如以時間劃分：因為我十年後要買下第一棟完全屬於自己的天地，那五年後我就必須要先達到公司的高階主管，六年後我開始展開有計畫性的投資計劃。而如果以事件劃分：因為我要讀完全系列的金庸武俠小說，所以我要先從《倚天屠龍記》開始，最後再讀《射鵰英雄傳》。

短程目標

再從中程目標當中做劃分，評估以現在的自己要如何達到中程目標。若是像上面提到的，讀完全系列金庸武俠小說為例，那麼我現在就要開始著手存錢買書，或者是去搜尋哪間圖書館借得到這些書。

每完成一個短程目標，就一定要獎賞自己一次。也許是買個小配件，或者是吃頓好料的，這犒賞會鼓勵自己，成為你持續下去的動力，不求回報的埋頭苦幹可是撐不了太久的！

以下我將舉個例子好讓你可以更清楚要如何訂定目標：

宥宣現在是個普通的業務員，從小就會自己作些小曲子、填填詞的他，一直夢想著這以後會變成他的職業，但出

社會後，卻只能為五斗米折腰。

宥宣現階段的條件是滿足了生理需求和安全需求，而他成為「著名作曲家」的目標是在頂層的「自我實現」，所以他的近程目標和中程目標，就必須先讓他補足「愛與歸屬」及「自我尊重」的需求。

遠程目標：

十年後我會成為娛樂圈著名的作曲家

中程目標：

八年後我要掌握製作圈的人脈

七年後我要成立一間工作室

五年後我每年至少要賣出數十首作品

三年後我已有了固定買家……

近程目標：

我每個月要完成一首曲子的全部配樂

我每兩星期要寫一首曲子

我每天都要完成些音樂

現在我就該開始整理舊作品並重新修改

具體化目標

在訂定目標的時候，不要想著：「我想要達成什麼？」，而是該改用：「屆時，我將已經達成了什麼？」因為在執行目標的時候，我們必須時時檢視完成的進度，此時，我們該以什麼作為評估基礎來研判我們已朝目標更加接近了呢？答案是——使用「未來完成式」的目標敘述方式，可以順利的幫助我們完成執行目標時最重要的工作——具體化目標。

具體化目標需要明確的計算並量化。何謂量化？量化就是數量化，就像「一堆水梨」，是一個無法計算的說法，這樣的說法會加入一些個人想像，造成結果的誤差。如果我們改說「十八顆水梨」，你大概會知道有多少水梨，但這還不夠精準，因為水梨有分很多不同的品種、甜度、產地、大小，還有重量……。囉嗦吧？但這就是我們所要求的量化水準。在量化時要設定達成的日期、數量、金額、形式、方法，總之，目標必須是「具體」、「明確」、「可觀察」、「可描述」的。

所以宥宣的目標藍圖確實量化之後會變成：

遠程目標：

十年後我會成為臺灣娛樂圈中著名的流行音樂作曲家，擁有獨立能力，且擁有選擇買家的權利，並得到封面人物的專訪。

中程目標：

八年後我要掌握製作圈的人脈，認識當時最紅的錄音師、作詞家，並開始談論合作的可能性。

七年後我要成立一間音樂工作室，有錄音室和完整的團隊及行銷體制，幫助我的音樂製作更具獨立性及在市場上更

為流通。

五年後我每年至少要賣出二十首作品。

四年後我專職做音樂，辭掉原本的工作，所以我有足夠的儲蓄提供我一年沒收入的基本開銷。

三年後我要找到一個以上的固定買家，使我的音樂流通能夠穩定。

……

近程目標：

我每週做音樂的總時數須有三十小時以上。

我每個月要完成一首曲子的全部配樂，並發表在網路平台。

我每兩星期要寫完一首曲子。

我一天要完成幾小節的音樂。

我一個月內要把以前的舊作品拿出來整理、重新修改完成。

我這個星期要列出清單，排出哪些曲子需要修改或需要完成。

目標表格化

將目標中量化後的日期、時間、數量、金額，善用表格整理，目標會被規劃成很小、很容易達成的小分子，如此一來，可以更明確說明每天該做的事，達到目標就更容易。

規劃表格時，可以採用焦點法則。焦點法則又稱為**「沙漏法則」**，所謂的沙漏法則就是一次只處理一件事情，就像沙漏過沙一樣，一次只有一粒會通過。一次只做一件事，如此便可以專注在該件事情上，完全心無旁騖，增進工作效率。

而在時間規劃上可以參考使用以下的法則：

45/15法則

45/15法則是指將你要做事的時間做適當的切割，以一個小時為例，前45分鐘聚精會神在最重要的事情上，而後15分鐘則進行一些行政或聯繫工作等較為瑣碎的事。

120法則

120法則是指在評估完成一件工作所需時間之後，留下20％的彈性時間，如此便可以以從容的態度處理工作，也較不易出差錯或開天窗。

目標視覺化

訂定目標後，要標示在每天看得到的地方，目的是要提醒自己這個承諾，每日看著自己的目標，也能達到激勵作用。

就舉我自己的例子吧，我家的大門上，有著原本該貼在冰箱上的磁鐵和當月份的信用卡帳單、電話帳單、水費、電費和待買的購物清單等等，在角落也貼了幾張美食名片。家

人都稱它為「沉重的大門」，每次出門之前就會看到一次，這可以激起我一整天上班的動力，而美食名片則是提醒我要快點完成近程目標，好來犒賞自己及家人一下。

又如財經專家盧燕俐，她提到，幾年前當她的日薪還是幾千塊時，她希望自己未來能擁有單天收入破萬的目標，因此虛擬畫了一張萬元的支票，尺寸是比真實支票放大再放大，貼在明顯的地方讓她隨時都會看到，這麼做無非就是想提醒自己往這個目標前進，幾年後，她果真達到支票上所填的金額為日收入。

視覺化的另一種應用就是：大聲告訴所有人你的目標！由別人跟自己共同監督，這是一種有承諾重量的目標，如此才會積極去面對自己的目標，因為基本上大家都是好面子的，如果沒有告訴別人自己的承諾，那麼當目標沒達成時，只會造成自己一點點的低落，而不會有足夠的警惕效果。

共同監督的例子如：我在做商業演講時，都會接觸到直銷業與保險業，這兩個行業在訂定目標後，通常會在大會議時將目標喊出來，好像吼得越大聲離目標就越近似的，這其實就是一種共同監督的激勵。

在經營**「我」**時，第一步就是訂定目標，就像是懸掛在馬匹鼻頭前的紅蘿蔔一樣，馬匹為了想要吃這根紅蘿蔔，而且眼睛也只盯著紅蘿蔔，當然就會順利地往前行進。

在訂定目標時一定要記得以下的訣竅：

1.將大目標化為小目標

2.具體化

3.表格化

4.視覺化

5.達成一個目標後記得獎勵自己

訂定目標後，就拿起「秘密武器」向前衝吧！

總之，敢夢、敢想，不妄想。

掌握機會展現核心競爭力

訂定目標之後，除了鼓足讓我們勇往直前的意念之外，我們還需找出足以披荊斬棘的「核心競爭力」，好讓自己能排除路途中會遇到的障礙，達到目標。

核心競爭力

龜兔賽跑是大家耳熟能詳的小故事，故事的結局是烏龜持之以恆地跑，最後贏得了勝利，而兔子因為貪睡，所以輸了比賽。然而，這故事其實還有更有趣的後續。

頒獎典禮結束之後，兔子黯然地回家了，「怎麼會輸了呢？」兔子開始思索今天比賽的經過並檢討自己。牠發現失敗的原因是出在牠的輕敵、大意、太有自信，以及散漫所導致的。領悟了這些癥結之後，兔子決定改變自己的態度、想法，並且再次向烏龜下了戰帖。

第二回合的比賽，兔子贏了。牠抱持著「勝利不是必然」的心態全力以赴，一口氣衝向了終點，而烏龜被甩在遠遠的幾公里之外。因為原本兔子的速度實力就贏過烏龜，所以，只要牠能夠不輕敵，成功就是牠的。

故事到了第二回合，告訴我們：懂得自己優勢，動作快且能維持穩定努力的人，自然能夠勝過儘管持續動作然而速度卻慢的人。

曾經嘗過勝利滋味的烏龜怎麼會甘心呢？疲累的烏龜回家洗澡時自我檢討了一番，牠心知肚明緩慢的自己照相同的比賽方式再試幾次，都不可能贏過敏捷的兔子。想了又想之後，這次換成烏龜向兔子下了戰帖，但烏龜表示想要稍稍改變一下競賽的路線。

在兔子欣然接受的情況下，第三回合的比賽開始了。這次，已洗心革面的兔子一樣的全速衝刺，奔呀奔呀奔，直到……，牠碰到了一條寬闊的河流。

而比賽的終點就在河的另一端，不黯水性的兔子枯等在河邊，不知該如何是好，此時卻見烏龜緩緩爬了過來，輕輕巧巧地滑入水中游到了對岸，順利完成了比賽。

從故事的延伸中，我們可以對事情有不同的詮釋，但兔子與烏龜共同的優勢，就是牠們都沒有放棄。兔子的核心優勢是絕對的速度與反省後的不過份自信，而烏龜的核心優勢則是水陸兩棲，所以牠聰明的選擇了新戰場，運用自己的優勢突破逆境，締造出更好的佳績。

核心競爭力到底是什麼呢？它是一個使企業或是個人，能夠在競爭遊戲中獲得長期優勢的秘密武器，它必須是競爭對手所沒有的能力，或是等級差距大的技能。在第三回合的比賽裡，烏龜會贏的秘密就是牠找到了自己的「核心競爭

力」。而所謂的「核心競爭力」，就是指「你會，而別人卻不會」的秘密武器。

在為**「我」**訂下目標之後，就要開始找出自己的核心競爭力，以迅速的邁向目標。

如何尋找核心競爭力

假如你鎖定的目標是獲得上司賞識以得到升遷的機會。經過一番自我分析之後，你發現你是屬於能言善道的人，那麼你應該想辦法爭取一些公關或報告的機會，好讓上司能夠看到你，發掘你的好口才，進而得到升遷的機會；但如果經過自我檢視之後，你發現自己是屬於分析研究型的人，那麼你可以藉由寫份有意義的研究報告或是企劃來彰顯優勢。上面提到的好口才和分析型的才能，如果這些優勢剛好你的同事都不具備，那這些就是你的核心競爭力。

我有一位朋友她在美髮界發展得非常好，她雖然是一個學歷只有國小畢業的人，但她在臺灣數一數二的大型美髮連鎖店裡，曾多次創下單月個人業績一百萬元以上，換算下來個人每天最少也要有三萬多元的業績。我想你也有上過髮廊，染髮或是燙髮頂多花掉三、四千塊，更不用說剪髮和洗髮等等的低價消費項目，可想而知，我這位朋友的工作量有多驚人，她的技術更是不在話下。

我聽過她幾場的演講，她常常拿著麥克風大談她的核心競爭力即是她的「低學歷」。她總說：「就是因為我求學的時間很短，所以就比別人多出了十年的時間可以專心的學習技藝；也就是因為我的學歷低，不想因此被別人瞧不起、看笑話，所以更激發自己要向上的決心。」

尋找核心競爭力時，需要同時檢視自己擁有的能力或技能，是否和先前所訂的目標規劃一致，它必須是具有發展價值的，以及對目標的達成是有貢獻的，而且同時必須具有獨特性。在尋找核心競爭力時，目標背景不同，對外的競爭條件就不同，核心競爭力的優勢當然也不同，可以先列出幾個自己的優勢，然後將不符合以上所提的特徵優勢先行剔除，也可以和好朋友共同討論，透過別人的眼光或許可以激發出新的想法，最後得到的那一組資源及能力，就是你的秘密武器，也就是你的核心競爭力。

當我們在尋找核心競爭力的時候，也不要忽略任何一個微小到幾乎不為人知的可能，也有的時候，核心競爭裡根本就是你的一個缺陷、一個極想要抹去的瑕疵，而一切其實端看你如何看待與發展。就像口足畫家楊恩典小姐及謝坤山先生，還有出生時就沒有四肢的尼克．胡哲（Nick Vujicic），這一類的生命鬥士不也是將缺陷當成自己最大的競爭力嗎？

要先有競爭，才會有所謂的競爭力。就像適者生存的大草原上，斑馬早晨睜開眼睛時，所想的第一件事就是：我必須跑得更快，不然我就會被獅子吃掉；而此時從睡夢中醒來的獅子，首先閃現在腦海裡的也是：我必須跑得再快一些，

才能追上斑馬，否則我和家人們就會餓死。斑馬和獅子在草原上你追我跑，牠們的競爭就是生存，而生存所需要的技能即是競爭力。斑馬的競爭力是速度，但不巧的是獅子的競爭力也一樣，如此一來，速度就無法成為斑馬和獅子的核心競爭力，因為這是在草原生存該具備的基本條件。那牠們各自的核心競爭力是什麼呢？斑馬身上獨特的黑白紋理就是斑馬的核心競爭力，因為這樣的紋理讓斑馬在奔跑的過程中，使掠食動物在視覺上產生混亂而無法精準的獵食；獅子的核心競爭力是當王者的慾望，所以當牠在競爭時，總是勇往直前，面對強敵也不會退縮。就像一間外貿公司，英文是當今的國際共通語言，所以英文能力是在公司競爭時所該具備的基本條件，你會，但別人也會啊！此時，若你能擁有流利的第二外語，或是有更圓融的人際關係，那麼第二外語和圓融的處事能力，將會成為你獨有的秘密武器，也就是「核心競爭力」。

增加核心競爭力

增加核心競爭力——如先前提到的最大要點———一定要與你所在的產業屬性或是目標有相關，而且有用，因為一切的競爭追根究柢都是要更好地滿足目標的需求。比如說：你的長處是「很能吃」，而你的目標是當一個美食節目主持人，且你也得到了這份工作，那麼「很能吃」就會成為你的核心競爭力，當你吃過一家又一家的食物之後，你還能保持好胃口、露出很好的笑容、嚐出食物的美味。若你不具有這項秘密武器，那在吃過一堆食物之後，你只能呆板的說一些制式的台詞，再好的食物你也入不了口了。

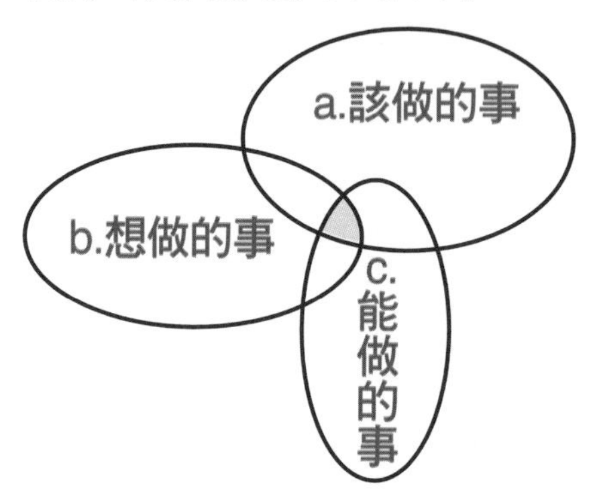

上圖中三個圓的交界區域就是你的核心競爭力：a.是在你生活中應該做的事情，例如上司交代的工作、丈夫妻子的職責、學生應盡的本分等；而b.是你所想做的事情，也就是你所定下的目標；c.則是你所擁有的能力，可能是天生條件或是具備的第二、第三專長等等。

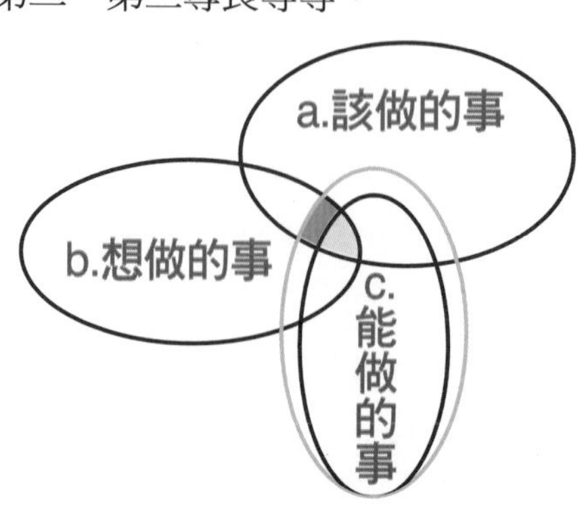

若你想要拓展自己的核心競爭力有兩個做法：一是將想做的事情變多，二是將能做的事情擴大。當然比較建議的是第二種作法，因為在前面「目標」章節中有提到：First things first, second things not at all.目標最好是單一且最重要的，擴大目標很容易變成貪心不足蛇吞象，所以提高核心競爭力最好的做法就是增加所見所聞，花時間去學習、增加技能，把能做的事情變多。

在中國，流傳有一個「張氏定義」，也就是北京大學光華管理學院教授張維迎博士為核心競爭力下的見解，他認為核心競爭力具有「偷不去，買不來，拆不開，帶不走，溜不掉」的特點。有什麼東西具備這全部的條件呢？答案就是我們每個人的「腦袋瓜」。腦長在我們的肩上，誰也無法動它，所以提升核心競爭力的要訣就是充分發揮自己的頭腦，學習更多技能、運用更多專長，當面臨競爭時就可擁有隨便捻來就足以成招的能力，以面對多變的社會。

借用別人的核心競爭力

龜兔賽跑的故事還沒講完呢！

俗話說：不打不相識，在比完三回合的競賽之後，兔子和烏龜成了最要好的朋友。牠們相約要再來一個賽後賽，但這次決定要團隊合作。牠們一起出發，開始是兔子揹著烏龜跑，直到跑到了河邊，換烏龜接手揹著兔子游到對岸。兩個一起到達了終點，而且花的時間比之前還要短得多，牠們都感受到了更大的成就感。

有堅強的核心競爭力及卓越的表現固然不錯，但是如果能找到與你互補不足的人，將能創造一個雙贏的局面。在尋找自己的核心競爭力時，也別忘了觀察別人跟你不同的核心競爭力，互相結合，借力使力不費力。

這裡有一個生活化的例子——冷氣與電風扇。冷氣和電風扇的屬性相同，都是要使人感到涼爽時所用的器具，冷氣的核心競爭力是「快速的降低室內溫度」，而電風扇的核心競爭力是「使空氣流通不悶熱」，這兩樣互相競爭的商品若聯手起來，不僅能提升冷氣快速涼爽的功能，還能降低整體用電量。

耐力的競爭

在初參與競爭的時候，我們常常會因為稍微贏了其他同事而遭到打壓或冷言冷語，也容易因為這樣的壓力而造成我們行動上的退縮，這就像冒出頭的釘子總容易被打一樣，這時候千萬不要放棄、猶豫，應該更努力的以耐力迎向目標，讓代表自己的那根釘子更加出頭，直到離開了那塊原本大家在一起的木板。此時的你，就已經不再跟大家是同一個水平了，他們對你的所做所為也就變得望塵莫及了。就像一個一直被老師稱讚品行優良的乖乖牌學生，一開始同學可能會覺得這位同學做作、裝乖，甚至出言對他冷嘲熱諷，但後來他不旦成為了全校模範生，還獲選模範兒童或青年。面對此時

的情勢，不論同學再說些什麼，也只會更顯現彼此之間的差距有多大。如同故事中的烏龜，因為牠的努力與毅力而贏得比賽，這就是所謂的「耐力」。

在21世紀，最大的基本競爭力就是「耐力」，只要不放棄，最後一定會贏。不是比較誰聰明或誰的學問高，只是看看誰的耐力比較強。有能力的人，要好好把握，只要不放棄、不打混，最後一定會成功，因為這是多變的時代，不是只擁有聰明或能力就足夠。擁有了核心競爭力，當然也要會掌握得來不易的機會，因為沒有掌握好使用秘密武器的好時機，就可能失去大好前途，我常說：「機會像小偷，來的時候無影無蹤，走的時候損失慘重。」

掌握機會

以下兩則應徵新工作的例子，可供你了解何謂掌握機會。

有一位剛出社會的年輕男子，在學校時，他的學業成績非常好，而且得過國際設計大獎，是個充滿自信的好學生，每年都申請菁英獎學金，他接獲某家著名創意設計公司的面試通知，興高采烈地提前十分鐘到達面試的大樓，這座大樓的管理制度很嚴格，有兩位保全人員站在電梯門口前，旁邊有一處管理櫃台，桌上清楚立著一個牌子寫上「訪客請登記」，年輕人上前詢問保全：「先生你好，我想要到2107室，請問怎麼走？」保全拿起電話，過了一會兒，對年輕人說：「對不起，2107室沒有人。」年輕人慌張地說：「不可能呀，今天是他們約我來面試的，就是這個時間，沒錯啊！」年輕人拿起面試通知單確定了日期、時間、地點，而且面試單上大大地寫著：「逾時超過十分鐘即取消資格」。那位保全又拿起了幾次電話，並告訴了那位年輕人：「先生對不起，2107室還是沒有人，我們不能讓你上去，這是大樓的規定。」這一折騰，十幾分鐘過了，他雖不甘心卻也無計可施，猶豫了一會兒，只好自認倒楣地硬吃下這個閉門羹。晚上他收到一封電子郵件，信上寫道：「先生您好，或許您還不知道今天下午我們兩位經理，就在大廳裡進行了面試，非常抱歉，很遺憾您並沒有通過這次的創意面試。您應當注意到那位保全先生，只是拿起電話並沒有做撥號的動作，雖然我們規定遲到十分鐘即取消面試資格，但您為什麼不自己撥打我們公司的電話詢問呢？而只是依賴保全人員的答案，沒把握好機會是您這次不被錄取的原因。」

有一位在醫院實習的護士，學校規定在畢業之前必須擁有一份正式的醫院聘書，否則就無法畢業，某天急診室送來一位因車禍而性命垂危的病患，這位實習護士緊急調派成為院長的助理護士，協助院長幫這位危急的病患進行手術。當手術即將完成時，眼看著院長就要縫合患者的傷口，這時實習護士嚴肅地向院長說：「院長，手術過程我們總共用了十塊紗布，可是您只取出了九塊。」院長不理會她繼續工作，只是淡淡地回答：「我已經將全部的紗布取出了，不要再說

了，趕快縫合。」護士高聲的抗議道：「不是的，我們真的用了十塊紗布，現在取出的才九塊。」院長幾乎是用命令的口氣說：「聽我的，現在就開始縫合。」那位護士急切地幾乎大喊著說：「您是醫生，怎麼可以這麼草率呢？」直到這個時候，院長才露出微笑的臉，高聲宣布：「她是我最合格的助理，第十塊紗布在這裡！」原來院長早已取出並偷偷藏起第十塊紗布。

由這兩則故事看出，年輕男子的設計才華和得獎經歷是他的核心競爭力，專業的堅持和細心則是實習護士的競爭力，兩個人固然都很優秀，但我們更可由男子的故事看出，在亮出秘密武器之前，更需要有一個供我們發揮的平台，而我們必須掌握機會才能進入這個平台，否則一切都是白搭。

從前，從前，有一群青蛙要舉辦一場比賽，比賽看誰最快爬到鐵塔的頂端，這雖然是一個成名的好機會，但卻是一場危險的比賽，若稍不留意，就有可能會因為觸電而死掉，或是意外跌落，但卻有很多勇敢的青蛙報名了。

在一個空氣清新的早晨，鐵塔下面聚集了一大群青蛙，一些是啦啦隊、一些是今天的選手，也有青蛙只是吃完早餐閒閒沒事跑來觀賽，當然還有裁判在裡面。終於，比賽開始了！選手們奮力地向上爬呀爬呀爬，這時候，塔下卻有幾隻青蛙議論著：「這太難了啦，一定到不了塔頂的！」、「塔那麼高，我保證牠們絕對不可能成功！」、「唉呦，站遠一點，不然等會兒被掉下來的青蛙壓到！」，許多負面的聲音出現，加油的聲音漸漸變弱、變小，最後竟然都變成了洩氣話，在塔中間聽到這些話的青蛙們信心頓失，越來越多的青蛙放棄了，塔下又傳來：「沒關係啦，這本來就是辦不到的事，早放棄早好，別氣餒，現在就下來至少表示你沒白費力氣啊！」等等安慰放棄的青蛙的話。一段時間之後，只見塔上的青蛙一隻又一隻地掉了下來，最後竟然只剩下一隻了，而且牠越爬越高、越爬越快，最後成為這次比賽唯一成功攻頂的青蛙。

後來大批青蛙湧上，急著問牠是怎麼獲得勝利的，是因為前一天有拜拜嗎？是因為有特訓呢？還是因為平常就有爬鐵塔的習慣？你的秘密武器是腳上裝吸盤？或是……？但結果令眾蛙一片嘩然，原來，勝利的原因竟然是因為「這隻青蛙是個聾子」！

這個故事的寓意在告訴我們：掌握成功機會時，不要受到負面聲音的影響，有時裝聾作啞也是一個很好的秘密武器，不要聽信那些消極悲觀的話語，還有要遠離負面的情緒。在經營**「我」**的過程，我們可能面臨強大的競爭，也許困難重重，也可能面臨種種導致失敗的誘惑，掌握機會並發掘抑或是增加自己的核心競爭力，才能為**「我」**創造更多的可能性。

還不知道自己的核心競爭力在哪裡嗎？那就用下一章節將介紹的「五力分析」來尋找吧！

總之，亮出你的秘密武器，斬妖除魔吧！

Core Competence
CYY

3 創造優勢的五力分析

目標，能讓我們更不懼艱難地向前；核心競爭力，能讓我們更平步青雲的成功；而懂得分析情勢，更能讓我們看清前面的路，做足準備以創造優勢。

以下將要介紹「五力分析模型」，提供大家作為分析情勢的工具。五力分析是經濟學家麥可．波特（Michael E. Porter）在1979年時提出的，原本用於分析企業與企業間的競爭，以找出個別企業對市場吸引力的高低程度。我利用這個五力分析概念做一些些改變，讓它更適合運用在生活中的每種情形，讓你在經營**「我」**時可以更有系統。

五力分析模型

麥可．波特認為影響市場吸引力的五種力量是：消費者的議價能力、供應者的議價能力、現有競爭者的競爭能力、潛在競爭者進入的能力、替代品的替代能力，而起於這五種因子的不同組合變化，最終會變成影響行業利潤的潛在變化力量。

1.消費者的議價能力：消費者願意付出多少代價得到商

品、消費者願意購買多少商品，都會對公司的盈利造成影響。在討價還價時，消費者通常會要求提供較多的產品或較優質的服務品質能力。一般而言，消費者的議價能力會受到以下幾個因素的影響：消費者自身的利潤、此消費所佔採購的比重、消費者集中的程度、市場機制的預期心理等。

2.供應者的議價能力：基本上，無論是供應者或消費者都希望達到最大的經濟效益，所以在供應者與消費者的議價能力具有很大的相同性，不過是角色的互換。以麵包的製造流程來看，上游的原料企業是供應者，而中游的麵包製造商是消費者；而以銷售流程來說，中游的麵包製造商則變成供應者，下游的麵包零售業者就是消費者。一般而言，供應者的議價能力會和下列幾個因素有關：供應者所屬行業的密集性、所供應商品的替代性、供應商品在下游商品製造中所佔的重要性等。

3.現有競爭者的競爭能力：在任何計畫或經營活動開始時，首先必須面對的就是現有的競爭者，現有競爭者的能力決定著同業所面臨的競爭態勢。競爭能力常常會表現在商品的價格、廣告、功能性、售後服務等方面。在評估競爭能力必須進行詳細而具體的分析，不只比較市場占有率、現有利潤等數據，更要考慮產業未來的成長趨勢、政府施政方向、社會運動等等各種面向的影響。

4.潛在競爭者進入的能力：當你在從事一個可以獲益的事時，就可能招來其他有興趣的人，一旦潛在競爭者進入成功，將會造成產品在市場上總產量增加、價格回跌、利潤下滑等情況，也可能會影響原有的在位企業的市場佔有率，也稱為「進入威脅」。一般而言，潛在競爭者進入的能力高低取決於三項因素：一是潛在競爭者主觀評估的利益大小，二是進入時所需花費代價的多寡，三則是進入後所要承擔的風險（可能是面對現有企業的報復手段等）。如果上面的三項因素使進入障礙強大，那麼潛在競爭者所構成的威脅就會相對變小。

5.替代品的替代能力：替代品是指與原先商品具有相同功能的東西，世界上有許多東西都可以被取代，但是就算有替代的可能性，也並不見得就會有替代的發生。替代品是否真實產生替代效果，端看替代品是否能夠提供比現有產品更大的價值、更穩定的品質或製造更低的價格。

看完上面這些艱澀的文字，相信你一定頭都痛了！經營一個企業要釐清的局勢何止如此，要經營一個**「我」**，當然也需要大費周章地用力分析，相信經過一番五力分析後，**「我」**到底是處在什麼樣的局勢、擁有什麼樣的優勢以及核心競爭力，都即將一目了然。

以下我們會先從交通工具開始進行，將這原先艱澀的五力分析，轉換成較簡單實用的方式給大家看，之後再模擬幾個不同的身分來做解釋，幫助你能更容易融會貫通地應用在生活當中。

交通工具——飛機

從1903年12月17日，萊特兄弟首度公開試飛他們的第一架飛機之後，人類可謂正式進入航空科技萌芽及發展的時期，飛機使我們大幅縮短了時空距離，使全球的人口流動性增加。以往，小小的台灣北高交通，開車單程就要花上5個小時左右，而自從有了飛機之後，竟縮短成剩下40分鐘的飛行時間，少花了大約7倍的時間，對於時間就是金錢的現代社會而言，著實是個好選擇。

1.消費者的議價能力：在交通工具的選擇上，消費者的議價能力取決於交通工具的搭乘品質、服務品質、搭乘的便利性、所需花費的時間及金錢等。飛機的優勢有：訓練有素的空服員為乘客服務、交通時間較短、因飛行時間短而不用久坐等。

2.供應者的議價能力：航空公司為飛機的供應者，硬體消耗性材料、清潔費用、燃油量、空服人員及地勤人員薪資、機坪租金等支出會反映在機票價位上，而機票價位會影響消費者的數量，消費者數量更影響航空公司安排的班次。

3.現有競爭者的競爭能力：國內航空的現有競爭者為長途客運公司及臺灣鐵路局，當飛機出現於市場前，往返北高的人都選擇搭乘長途客運或火車，而這兩者最大的優勢在於價格較低廉、班次較多、等待時間較少等。

4.潛在競爭者進入的能力：現代人越來越重視休閒活

動，往返北高不再是單純為了探親、工作、求學等人生較重大的事件，而是更經常玩樂了。此時私人轎車、機車、單車等機動性較高的交通工具，就可能對航空產業造成威脅。

5.替代品的替代能力：2007年1月台灣高鐵正式營運，高鐵不只在飛機縮短時距的優點上產生替代性，更因為等車時間較短、主觀安全性較高、舒適度較佳等優點，幾乎取代了國內航空在市場上的地位。

同事——升遷

Amber和Harry兩人從事製造業，Amber是公司的行政經理，擁有管理能力、負責任的態度，更有能力支援公司資金周轉，Harry則是公司的業務經理，有高超的外交手腕、業務能力，同時還具有研發符合市場需求新品的頭腦，兩位公司要員在競爭副總經理的職務。Amber希望藉由五力分析來看看自己正面臨的局勢，希望能讓他在爭副總經理的戰爭中更加有勝算。

1.消費者的議價能力：因為事關升遷與否，握有決定權的消費者是老闆，而可能左右決定的消費者則是個別或共同的客戶及公司內的部屬等人。老闆的議價能力為人事任命權、公司升遷制度的限制條件、在董事當中的地位等；而下端客戶及部屬的議價能力為對二位經理的信任、對於交辦事務的效率、輿論力量等。

2.供應者的議價能力：為爭取較高的職位，所以自己本身便為升遷的供應者，自身的學歷、經歷、能力等條件即為議價能力。Amber擁有EMBA學位、在公司轉型時期付出甚鉅，如：參加ISO認證、推動員工福利，也調度許多資金幫助公司度過一次次的難關，憑著部屬對Amber的信任及支持，面對目前的職位他覺得當之無愧。

3.現有競爭者的競爭能力：現有競爭者即為Harry，他的競爭能力也與供應者的議價能力一樣來自於自身的條件。Harry學歷只有專科畢業，能做到今天的位置完全是靠實務經驗的累積，以及長期業績上亮眼的表現，因為是從最基層一步步走上來的，所以他擁有龐大的人脈網絡，可以支持他訂單的數量及原料供應不虞匱乏，再加上Harry具有一般業務人員所沒有的研發能力，使他在公司的地位更加屹立不搖。

4.潛在競爭者進入的能力：對於副總經理這個響亮的職位，不太可能只有已表態的Amber和Harry想要爭取，其他同級的專業經理人、還未應徵的空降部隊等，都可能對Amber構成強大的威脅。若Amber不夠強硬，或是對競爭的態度不夠明確，就可能使進入障礙偏低，潛在競爭者浮出。

5.替代品的替代能力：副總經理的位置也不一定要由兩人之一選出，如果競爭時醜態百出，使上司觀感不佳，則副總經理的工作可暫由總經理代理，因此極可能出現「從缺」的場面。且若原本的副總經理提出續任要求，也會有被接受的可能。

情侶——未來性

當兩人在一起時，不論是同性戀者或異性戀者都可能面臨到一些感情上的問題或挑戰，比如說，會擔心關係的穩定性、擔心關係是否終止等等。

Jimmy和Elva從一年半前開始交往，Elva其實是有想結婚的念頭，但Jimmy卻常常是「未來的事先別談」的「漂撇」態度。

Elva感到有點擔心，因為Jimmy的條件頗優，雖然兩人的感情還算不錯，但Elva還是想用五力分析來看看若想要一直走下去，需要排除那些障礙，又該在哪些方面多加強。

1.消費者的議價能力：在這感情事件當中的消費者是Jimmy的心，以及牽扯到未來將面臨的有Jimmy和Elva彼此家人的觀感問題。Jimmy的議價能力取決於心態、收入、年齡，Jimmy認為兩人還很年輕，若沒有馬上要孩子可以先不談結婚的事，而且他覺得自己的薪水還不夠優渥；而雙方家長的議價能力取決於家人在他們各自心中的地位、說話的影響力等，目前家長方面採自由不干涉的態度。

2.供應者的議價能力：供應者為Elva自己，而其議價能力取決於她的外貌、內涵、經濟能力、社經地位、學歷等。Elva有不少追求者，但她仍傾心於Jimmy，她認為自己在經濟上的獨立可維持兩人的平等關係，且她也願意用自己的所學輔助Jimmy在事業上的成就。

3.現有競爭者的競爭能力：Jimmy不僅自身條件優良，而且待人溫柔體貼，「不樹敵」是他的處世原則，所以周邊也有許多人傾心於他。這其中的一些人是Jimmy公司的同事，幾乎每天與他朝夕相處在一起，反觀Elva，一星期只有幾次下班後的小約會，以及每天一通聊天、關心的電話。

4.潛在競爭者進入的能力：現在不喜歡並不代表以後也不喜歡，Jimmy社交圈的人很可能由普通朋友轉變成競爭者，且特殊場合的一見鍾情也不是不可能發生的威脅。

5.替代品的替代能力：若沒有出現適當的競爭者，並不保證兩人關係的持續，以工作為重的念頭、或是還想玩樂的心態，都足以取代兩人的親密而造成分手。

妯娌——獲得肯定

娟娟和梨兒兩人的丈夫是兄弟，大家都各自擁有自己的房子，梨兒家與公婆家較近，所以幾乎每天都有往來，而娟娟家雖然與公婆家較遠，但至少兩三個星期會回去一次。娟娟是位個性乾脆直接的職業婦女，夫妻兩人感情很好，兒女的課業成績不錯；而梨兒生了孩子後便當個全職的家庭主婦，將家裡整理得窗明几淨，偶而還會學幾道新菜色或是手工藝當作生活樂趣。

娟娟雖然是個女性主義者，但她認為獲得家族的喜愛也是有必要的，所以她想藉由五力分析來看看自己是否與梨兒有差距，並檢視自己的不足之處。

1.消費者的議價能力：在妯娌關係中，消費者無疑是公婆、小姑、小叔、大伯等家族成員，他們的議價能力取決於在家族中的地位、社會地位、自己的家庭生活等，而鄰居也可能成為消費者，因為大多數的公婆很注重鄰居對自家的看法。

2.供應者的議價能力：在這個分析中的供應者為娟娟，而她的議價能力取決於她的職業、個性、子女成就、處事方式、夫妻情感等。娟娟不需要依賴丈夫的撫養，能使公婆在金錢及養老方面有較好的想像，而娟娟夫妻感情和睦是家族中的表率，子女也都獨立自主、乖巧向上。

3.現有競爭者的競爭能力：對娟娟而言，現有競爭者為梨兒，因為大家都會將同為媳婦的兩人做比較，而娟娟的競爭能力與供應者的議價能力中的項目相同。梨兒因為與公婆住的較近，當公婆急需幫忙時可馬上照應，當梨兒學會新菜色時會馬上與公婆分享，且閒暇時還會為姪子姪女們做小吊飾等。

4.潛在競爭者進入的能力：雖然媳婦只有娟娟和梨兒兩人，但其實未婚的小姑、鄰居的媳婦、鄉土劇中的媳婦角色，也是妯娌關係的潛在競爭者，因為地位、處境相仿，不免會想要比較一番。雖然沒有實質的進入關係當中，但因這些人所產生的威脅，也可能造成與公婆之間關係的惡化。

5.替代品的替代能力：妯娌關係的定義較難出現替代

品。若要單指對公婆的照顧能力，則替代品可能為傭人和小姑。

同學——學業成績

Paula和Julia是班上的好朋友，在面臨學業壓力與日俱增的高中時期，兩人聊天的話題不免是段考成績的高低、學期成績的優劣、老師家長對自己的期許等等。Paula在圖書館推薦書目中看到五力分析，似乎可以幫助她們看清現在的處境，讓她們能更有條理的規畫未來，所以就邀請了Julia一起來試試。

1.消費者的議價能力：在討論學業成績方面，消費者為家長、師長、還有學生本身，而議價能力取決於消費者在該學生心目中的地位、對升學的了解性、還有對學生本人的認識多寡。

2.供應者的議價能力：學業成績的供應者當然就是學生自己，而議價能力取決於課業成績、記功嘉獎、記過警告、學術比賽等表現。

3.現有競爭者的競爭能力：學業成績中的現有競爭者，通常會設定為成績排名在前後兩名的同學，一不小心將會被超越，而排名在前的人也會努力防範你的超越。

4.潛在競爭者進入的能力：學業成績中的潛在競爭者為成績排名前後五名的同學，及突然出現的黑馬，而除了與班級內比較之外，他校或他班的學生也將變成你的競爭者，爭奪大考的成績。

5.替代品的替代能力：從另一方面看來，若是在體育方面有很好的發展，也不一定要以紙筆考試、學科比賽為議價的條件，「體保生」也是一個很好的升學途徑。但學業成績的替代品更常為玩樂，若學生認為玩樂能帶來比學業成績更大的成就，或比追求學業更有意義、使生活品質更好，則學業可能就被玩樂所取代。

看完以上的例子，是否更清楚五力分析要如何活用在經營**「我」**當中呢？現在就拿紙、筆出來，練習一下。若是你還沒有明確的目標，那就先找一個假想敵，假想敵在做五力分析時是很重要的設定——有一位首次參加馬拉松比賽就打敗世界冠軍的選手，當他抵達終點後，新聞媒體蜂擁而至，訪問他：「你是用什麼方法才能夠獲得這麼亮眼的成績？」新科冠軍得主臉紅氣喘地說：「因為我的背後有一隻狼在追我。」喘了一口氣後，他又繼續說：「三年前我開始練習馬拉松的技能，訓練的地點，樹林密布四面環山，每天凌晨三、四點教練就要我開始做嚴格的訓練，可是不管我再怎麼努力，始終無法達到教練要的水準。有一天，我在密集訓練的過程中，跑著跑著，身後傳來狼叫的聲音，一開始聽到零星的幾聲狼嚎，聲音的距離好像還很遙遠，但很快地聲音就又快又急促了起來，而且感覺上狼就在我的身後。這時，我

明確知道有一隻狼盯上我了，我不敢回頭，嚇得沒命地往前跑，那天訓練的成績好極了。後來，教練高興地問我原因，我告訴他我在森林裡面發生的經過，教練有感而發地說：『喔！原來不是你不行，而是你的身後缺少一隻狼。』教練告訴我，那些狼叫聲其實是他裝出來的，從那天起，我每一次訓練時，都想像著自己正被一隻狼追著，從此我的成績突飛猛進，今天我有這麼好的成績，也是因為我假想背後有匹狼。」

從這個故事可看出，沒有敵人的競爭，無法激發出個人強大的潛質，設定一個隱形的敵人，成效會超過預期。這假想敵，他必須是一個實力跟你不相上下的人，或略勝一點點的對象，足以對你構成威脅，他可以是真實存在的人物，是同事、同儕，或是虛擬的人物，之後就按照順序（1.消費者的議價能力；2.供應者的議價能力；3.現有競爭者的競爭能力；4.潛在競爭者進入的能力；5.替代品的替代能力）寫下所有能力差別。從中，不只能幫助**「我」**找到自己的核心競爭力，也能讓**「我」**在運用策略時更加順手。

總之，事前分析五力，做事不費力。

ANALYZING YOUR STRENGTHS
V.S.
EMBA
FIVE FORCES MODEL

邁向成功學會運用策略

有了目的地，有了秘密武器，並且看清楚局勢之後，**「我」**就要開始選擇欲到達目的地時想走、該走的道路，而這條道路便是「策略」。

策略的選擇

其實在我認為，以策略來說，使用「抉擇」比起使用「選擇」還要來得恰當，因為在資源、時間有限的情況下，選錯門、走錯路是幾乎不被允許的。就像有兩匹馬各拉著一車貨物，前面的那匹白馬很認真的走著，走得很好，速度快，步伐又穩定，而後面那匹黑馬卻像計畫著什麼似的走走停停。於是，主人看了就把後面那一輛車的貨物，通通移到白馬的車上。等到主人將車上的貨物都移動完後，黑馬踩著輕快的腳步，愉悅地跑到白馬身旁說：「你看，你很辛苦，流這麼多汗，你越是努力，主人就越要折磨你，讓你做越多的事，傻瓜。像我多聰明，我就知道要裝得累一點，主人才會對我寬容一點。」之後到達目的地時，主人心裡卻想：「既然這一趟路只用一匹馬就能拉車載貨，那我養兩匹馬要做什麼呢？不如把所有的糧食全餵養這匹白馬就好了，如果我把另一匹黑馬殺掉，不但省了糧食，還能獲得一張皮吧！」而後，主人果真把那匹黑馬給殺了。我們看見，白馬「選擇」的是苦一點、把事情做好，而黑馬「選擇」了偷懶、裝虛弱，因此牠的命運面臨了殘酷的「抉擇」，走向無法挽回的終點。

「策略」雖然沒有絕對的對錯，但必定有好壞之分，好的策略能節省成本和時間，使我們更快接近目標，壞的策略卻可能讓**「我」**時時碰壁，甚至經過峰迴路轉之後，**「我」**才前進了一小步。

策略是我們將要集中資源之處。當在進行策略抉擇時，你可能會感到一切好像在賭博，但其實不全然如此，別忘了前面章節所做的「五力分析」，我們應該小心斟酌分析的內容，並且運用分析的結果來輔助我們下決定。每一個策略、每一條道路都會引導我們走向非常不一樣的路上風光，可能只有偶遇的碎石，但也可能是沿途狂風暴雨。

以我們解決日常問題為例，心理學家將解決問題的策略概括分成四種：嘗試錯誤法（trial and error）、規則推演法（algorithms）、啟發法（heuristics）、頓悟（insight），那我們到底該選擇哪一種策略去執行呢？

假設，你的目標是要解決「SPLOYOCHYG」這一串看似無意義的英文字母，將它排列成一個有意義的單字，下面讓我們試試各種策略，看看會帶來什麼不一樣的結果。

1.嘗試錯誤法：是指「隨機」找出可行方法，直到偶然間試出了正確解答。這十個字母有907,200個排序方式，表示你一舉試中的機率只有1/907,200，可以說是非常沒有邏輯且極可能浪費許多時間的方式。但情況也不總是那麼糟，因為愛迪生就是用這種方法找出鎢絲而成功發明了電燈泡的。

2.規則推演法：是有步驟地「循序漸進」找出解答。因為是循序漸進，所以不會有遺漏掉任何可能答案的風險，但是一樣有907,200個排序方式，惱人的程度不亞於嘗試錯誤法。

S P L O Y O C H Y G →依序在每個位置代換進不同的字母→ PSYCHOLOGY

3.啟發法：又稱直觀推斷法，使用過去經驗累積的判斷力來解決問題，是一個比較有效率的方式。比方說：通常Y會出現在字尾、CH通常會有連用的情形，如此一來，907,200個可能性就降為20,160個；又若你知道-OLOGY代表科學的意思，那可能性就只剩下24種了。但啟發法的錯誤率必會高於規則推演法，因為你或許會執著於某些可能性而造成方向錯誤，比如說SH也會有連用的情形。

4.頓悟：頓悟是一種可遇不可求的問題解決辦法。頓悟時，你會有豁然開朗的感覺，好像一瞬間什麼都懂了，看到SPLOYOCHYG這個字串時，你可能在毫無準備的情況下忽然發現這是個代表「心理學（PSYCHOLOGY）」的單字。

這四種策略都可以說是對的，然而，以上面拼湊字母的例子來說，若你一開始做決策時，選擇了使用「頓悟」，你可能乾瞪著紙上的字母好久，到最後卻只換來眼睛很痠的結果；而若你使用了「啟發法」，則會省下許多時間和精力。

是的，我想提倡的就是「啟發法」。我認為，邊做邊學邊修正是離成功最近的作法，以下眾多的實例可以協助**「我」**訂定並運用策略。

策略的獨特性

若要更快速的使**「我」**更上層樓，那麼訂定策略時的獨特性就很重要了，與眾不同的作風很容易讓其他人注意到你，使你脫穎而出、鶴立雞群。

讓我舉幾個不同品牌的汽車為例子來說明。你以為高級房車都是一個樣嗎？其實不然。對臺灣人來說，Mercedes-Benz和BMW同屬於德國高級房車品牌，它們並稱雙B，但因為在經營策略上的不同，使它們各自擁有了廣大的市場。

Mercedes-Benz：以「滿足沉穩的顧客族群」為主要策略，Benz在1990年代中期以前，車體外觀的風格主要以方正的稜線為主，營造出氣派大方的感覺，深受商務人士的喜愛。賓士車給人的形象是斯文的、有屬於老闆般氣派的。

BMW：因為BMW集團是以製造航空引擎及機車起家，引擎的馬力效能高又能保持優良的精緻度與低噪音，且以底盤操控性傑出著稱，賦予「給駕駛人高度的駕馭樂趣」。

BMW給人的形象是「高機動效能」的、有「屬於野獸般爆發力」的。

除了上面兩個有百年歷史的車廠之外，近年來新興的兩個亞洲品牌也因為策略的獨特性，使其能在高級房車幾近飽和的市場當中殺出一條血路。

Lexus：以「簡樸卻不失優雅」為主要策略，使TOYOTA汽車能快速的豎立起一個新的品牌，因為它走了跟Benz和BMW非常不一樣的路線：雖然擁有一樣的高性能，但它低調得多了！深深獲得想享受奢華，卻又不想太過充斥豪門氣息者的鍾愛。

LUXGEN：以「超乎想像的高科技」為主要經營策略，「預先設想．超越期待」是裕隆公司為LUXGEN訂下的精神，結合臺灣頂尖的IT產業，不同於多數汽車工業走硬體升級的路線，轉而發展更貼近人性的軟體技術。

這四個品牌一樣屬於高級房車的層次，但因跑出專屬於自己的行銷策略，就能在擁擠的市場中佔有一席地位。

再來，以速食店為例，漢堡人人會吃，大家都知道漢堡大概就是指兩片麵包中間夾上一些肉和蔬菜，但我們拿到某些漢堡就會馬上知道它出自哪一個店家，因為這些廠商在經營時，使用了一些不一樣的策略。

麥當勞：麥當勞的經營策略是以「製造歡樂」為主軸，所以它將滿足孩子為思考點，你還記得當年麥當勞推出HELLO KITTY的造型布偶風靡了全臺灣嗎？大家都為了要幫小孩收集全套的玩偶而大排長龍買歡樂兒童餐，由這個策略你會看出，麥當勞在漢堡裡加入了孩子的夢、孩子的歡樂。

肯德基：肯德基則以「快速地推陳出新」為策略，像它最近推出的一款漢堡就顛覆了我們傳統對漢堡的概念：用兩片肉取代最外層的麵包，然後在裡面夾入蔬菜。除此之外，很多意想不到會出現在速食店的商品，像是雞肉卷、墨西哥捲餅、葡式蛋塔、燒餅、粥等各式產品，都會在肯德基重新包裝，是針對人們愛嘗鮮的心態，從中獲得利潤，而肯德基也會因應各國風俗加入一些特別的菜單，像在中國，我就喝過肯德基賣的榨菜肉絲湯。

SUBWAY：SUBWAY的經營策略就是「讓顧客自己做出想要的潛艇堡」，從外層麵包的選擇、各式菜類、不同烹調方式的肉類、起司片到多樣化的醬料，給人目不暇給的感覺。兼且SUBWAY訴求實現健康與均衡的生活方式，所以用了低脂肪和熱量少於350卡的堡類，也提供芥末醬或醋，取代美乃滋或橄欖油等組合，以滿足客製化的需求。

漢堡王：漢堡王的經營策略是要讓每位顧客有「國王般的待遇」，讓顧客照自己的需求增減漢堡的內容，但卻保有整個漢堡的完整性，不顯單薄。而「火烤就是美味」是漢堡王另一個很有特色的策略，有370度高溫火烤設備，不僅讓肉片有美麗的外觀格紋，更讓肉片鮮嫩多汁、不油膩，這獨一無二的烹調方式營造出漢堡中的燒烤香氣，增加策略的競爭性。

摩斯漢堡：摩斯漢堡與多數速食店求快、求經濟的策略相反，它們強調「素材的嚴選」與「點餐後才開始製作」的策略原則。風格也異於其他美式的商家，創辦於日本的摩斯漢堡，將日本傳統的飯糰與漢堡雛型結合，以白米取代麵包，而內餡也以日本菜色為主，來自大自然健康的食材，也是一大話題。

不管是汽車業或速食業，要跟別人不一樣，就須展現與眾不同，將「秘密武器」聚焦成為「策略」，再加上自己找到的市場共鳴，堅定信心、不被動搖。想想在自己的職場、產業中，什麼樣的特點跟經營方針會被重視，這樣才符合市場需求，找一個可以被接受的特點，進而創造一個全新的策略。

策略的轉向

當你感到自己的策略似乎將**「我」**帶離目標更遠時，不要感到害怕與氣餒，因為危機常會帶來轉機。

可口可樂在19世紀時原本是一種內含酒精、古柯鹼、咖啡因的感冒藥水，但因為賣得不是很好，在1886年時，美國一名叫約翰．潘柏頓（John S. Pemberton）的藥劑師就在剩下的藥水裡加進碳酸水、糖等原料，沒想到這藥水竟然變得超級好喝，從此商機無限，至今發展成為市佔率超過40%的飲料公司。

1980年以後，可口可樂與百事可樂間的競爭越趨激烈，可口可樂公司執行長當下決定不要再跟百事可樂競爭那1%的市場，而是將所有的飲料市場都當作競爭對手，擴大戰場。這時，他苦思著：「要用怎麼樣的策略讓可口可樂能夠普及化呢？」於是，從那時開始，可口可樂便開始了「自動販賣機」的銷售，此舉讓大家想喝可口可樂的時候可以隨手買到可口可樂，也讓大家在口渴的時候可以馬上看到可口可樂。這個轉換，另闢一個新的市場，使營業額大大提升了20%，不僅擴大了可口可樂的市場，也擴大了飲料市場。

在幾十年前，根本就沒有人穿紅色的內衣，直到有一年知名的內衣公司訂錯了布料。這家內衣公司在訂布時填錯了色彩代碼，因而收到了大量的紅色布料，「好慘，好慘，該怎麼辦呢？」在無法退貨的情況下，公司只有硬著頭皮製作前所未有的紅色內衣系列。但，要如何出售才是最大問題，因此公司將策略導向人性的弱點——賭博、算命。策略部門便開始掀起「賭博時要穿紅內褲、紅內衣」的話題，錢財人人愛，在寧可信其有的情況下，紅色內衣褲開始炒出一片天，而這時，再來個「明年的幸運色是紅色」之說，更讓這前衛的設計推向最高點。

前些年，我家附近開了一間走中高價位的知名連鎖超市，但是在我居住的社區，主要消費族群一直都是習慣逛傳統菜市場的婆婆媽媽，所以超市的人潮總是稀稀疏疏，生意一直都處在還過得去的邊緣而已。終於在最近，他們針對這

裡的消費型態做了策略上的改變——新鮮蔬果不再是原本封裝好的一個又一個盒子，而是改為一整籃、一整箱的讓大家動手摸摸、掂掂，甚是連蒜頭都開放讓顧客現場剝皮，而超市內也以特價的名義降低其他商品的售價，果真引來了大批婆婆媽媽，自那天起超市熱絡了起來，原本被關到剩下一個的結帳區，也全都恢復運作了。

從上面的例子就可以知道，在職場或環境上，山若不轉就路轉，路不轉就人自轉，將觀念稍稍顛倒一下，策略就會改變，而更能獲得意料之外的好結果。

策略的執行

策略在執行前，必須先經過處理：找出策略的重點，再簡明扼要的提出，如果可以的話，它必須是一段口號般的文字，而不是一段費解或難以記住的陳述。

下面提出三個例子讓大家參考：

1.臺灣生育率已維持在低點多年，政府的目標是提高生育率，那麼該如何提倡生育呢？所以在2010年時，內政部向全國人民徵求一個簡短而有創意的口號，最後的投票結果是「孩子～是我們最好的傳家寶」，此活動不但可引起全民參與而產生共鳴，也因為朗朗上口的口號而達到宣傳的效果。又如法國為提升生育率，也提出了「孩子是公共財」的口號，標榜政府會釋出補助，和大家一起照顧孩子成長，成功的讓經歷人口成長停滯的法國生育率提升至2.0人。

2.有一個成功的髮廊，目標希望提升剪髮服務的業績，於是提出的策略口號是「我們在乎您頭髮的0.1公分」，從口號中我們就可以立即清楚的知道，他們正主打「剪髮」的服務，而且是精準的下刀，滿足客戶任何微小的要求。

3.幫寶適在1960年代左右，推出第一代免洗的尿布，當時打出的口號是「呵護媽媽的雙手」，但銷售量非常不好，因為他們將策略重點放在「便利」上，使母親在使用時會產生負面的罪惡感，認為花錢在保護自己而不是照顧孩子。但後來他們將策略重點改放在「寶貝」上，口號則改為「呵護寶寶的肌膚」，此舉讓免洗尿布整個鹹魚大翻身，婆婆、媽媽都心甘情願地將錢花在免洗尿布上。

一樣的商品、一樣的特點，但是只因策略和口號喊得不一樣，就會影響最後的執行結果。

策略的發明

策略若永遠只是模仿並不容易帶來預期的效果，這裡我推薦一個當設計師的靈感進入死胡同時常常會使用的方法：類比組合。

法國雕塑家羅丹曾說：「我的創作並不是從無到有，而是重新發現」。「類比」就是將所見到的生物、物品，及所聽聞的思考、處事方式做深入的觀察，然後轉換成我們所需

要的，比如說，看到螞蟻就可以類比成勞力分工、觀察狒狒可以組織出階級制度的雛形。而「類比組合」就是將兩種或數種不一樣的東西，將其某部分或全部特色擷取出來進行配對組合。比如說，將彎曲的手臂關節與檯燈做類比組合，就誕生了「角架平衡式檯燈」；將蚯蚓與工業重機具做類比組合，就發明了新的採礦方式。

增加附加價值的策略

創造附加價值，能夠讓別人感受到比預期還要更好的感受，簡單說就是感到「物超所值」。當我們在擬定策略時，也可以想想能不能製造附加價值進去。

比如說：以前去美髮沙龍洗髮、剪髮，就只是單純地得到這些服務，但後來，當進入美髮沙龍時就能享受到音樂、在洗髮前我們能得到按摩、在洗髮時可以獲得小茶點，甚至現在每位顧客都能有一台小電視看自己想看的節目，這些就是提供所謂附加價值的策略。

再說說「誠品書店」的例子，一般書店都只賣賣書、賣賣文具，有些大一點的連鎖書店可能還會再賣一些小禮品、精品，但誠品書店賣的不僅僅是這些而已，除了給人擁有豐富藏書的專業形象外，它的附加價值在於賦予顧客一個悠閒看書的環境、讓顧客可以細細品味書香氣息，打破了單純買賣的制式商業模式。

藍海策略

前幾年，風靡全世界最有名的財經書籍《藍海策略》就曾提出：滾滾的錢潮分成兩種，一是紅海，一是藍海。所謂「紅海」，指的是大家爭到頭破血流的紅色海洋，在現有的市場裡面競爭，以打敗競爭對手、維持卓越為首要目標，利用現有的需求、延續慣用的價值觀念；而「藍海」指的是另闢舞台、另尋一片天地的澄澈水源，捨棄血腥的競爭市場，把競爭變得毫無意義，在這裡，打破了固有的價值成見，需求是自己創造的，遊戲規則是自己訂的。

在這篇策略裡提到的每個故事、每個企業，都是利用藍海策略為出發點，相信這麼多的成功策略，應該會給你一些啟發！

知道要用什麼方法當策略後，還先不要急著把**「我」**行銷出去，因為時候未到啊！在行銷之前，還要學會如何經營，還得靠經營理念才能把策略及秘密武器串在目標上，前面的三個章節加上經營的智慧，徹底執行，將會讓**「我」**更無往不利。

總之，多參考、多觀察，隨時微調找辦法。

CYY
How do I
Achieve
The Target ?

5 開拓你的永續經營之路

經營無所不在

決定策略之後，就開始經營**「我」**吧！策略之路，它需要被拓寬、被踏平、被截彎取直，而這就是經營的內容，也是經營的目的。

經營無所不在，隨時都可進行，就像這一則故事：在一所監獄裡，關了一個美國人、一個法國人、一個猶太人，監獄長佛心來著的答應了他們要滿足每個人一個要求。美國人熱愛抽雪茄，正發愁進了監獄要如何滿足煙癮，因此馬上提出要求獲得三箱雪茄；浪漫的法國人，要了一位美麗、婀娜多姿的女子相伴；而猶太人說他想要擁有一部能和外界通訊的電話。這一關三年過去了，服刑期滿後，監獄大門被打了開來，第一個衝出去的是美國人，他大吼著：「給我火，給我火，我只要求了雪茄卻忘了要火！」接著，走出來的是法國人，身旁的漂亮女子手裡牽著一個小孩，肚子裡還懷著一個寶寶，那法國人的肩上也露出一顆小小的頭，法國人滿臉愁容的思考著該如何養大這群小孩；最後走出來的是猶太人，他不但不急著走，還頻頻回身向監獄長道謝，說：「感

恩您，讓我擁有了一部電話，這三年我每天和外界保持聯繫，我經營的生意不但沒有停頓，業績還增長了不少，為了表示對您的感激，我送您一部勞斯萊斯。」

經營的過程，成功與否取決於策略的運用和執行。猶太人之所以依舊意氣風發，是因為在監獄中的三年，仍保持與外界的聯繫，持續經營自身的事業；美國人因為下決策時少選了重要的火，所以他的悠閒監獄生活就無法經營下去；浪漫的法國人，因選擇了情愛，獄中三年精采萬分，然而出獄後他的人生卻從此負了重擔。

多數人每天忙忙碌碌，為的就是努力獲取成功，成功是目標，忙碌是通往成功必需的做法，但是忙碌如果少了正確的經營，結果可能因此變為枉然。

就像一隻生活在遠洋漁船上的老鼠，這隻老鼠除了平時偷吃著船上的糧食，還咬傷了船夫的衣物，船夫們都想抓住這隻令他們困擾且生氣的老鼠，並把牠丟到海裡去。船夫的想法被老鼠發現了，上有計策下有對策，老鼠自己當然也想了辦法，牠使出看家本領——挖洞。這隻老鼠先在船底咬出一個洞，把船夫們的糧食都藏到洞裡去，而且為了能將自己藏得更好，於是努力地把洞挖得更深更深，讓自己藏得更隱密，但沒有想到，不久之後，船底就被牠打穿了，牠不僅毀了船，也讓牠和無辜的船夫一起葬身大海。

老鼠為了成功躲藏以求得生存所做的努力，並沒有讓牠獲得生存的機會，反而因為牠的策略沒有全面思考、經營方針沒有隨著錯誤修正，只顧著拚命往前衝，結果等在眼前的並非成功，而是失敗。以下我們就一起來了解經營**「我」**時，需要先有哪些認知及作法，好讓我們得以永續的經營策略，不斷達成目標。

經營活動的組成內容

經營活動的組成內容大致可以分成兩個部份：一是物質、金錢方面的經營；二是原則、權利方面的經營。

物質經營：物質經營指資源上的應用。在人類社會活動中，資源流動的主要媒介為金錢，我們運用金錢使自身獲得更大的物質利益，並設法把已擁有物質的質與量進階擴大與提升。

原則經營：原則經營指制度上的調適。在人與人的互動中，制度為意識所控制，我們運用規範來平衡利益衝突、維持關係的穩定及處事的公平性，而意識的經營也牽制著行為的表現，讓我們表現出更加社會化的態度，不至於與大環境脫鉤。

比如說，你的目標是「完成博士學位」，那物質經營就是如何獲得金錢繳交學費、怎麼平衡生活開支及研究計畫本身會產生的費用等；而原則經營則是時間的分配及應用、要用什麼樣的態度與人相處、面對抱怨與情緒要如何維持人際網絡等。

經營的階段

經營看似複雜，但其實將它分成階段性來看就容易多了。整體而言，經營的過程可以分成四個階段：決策、管理、監督、改進。

決策：決策階段為經營的最開端，也就是我們前一章談過的「策略」。沒有策略就不會有經營，如果將本書內容回頭看，你會發現這一切都有強烈的連貫性——沒有目標就無法分析、無法分析就無從決定策略、少了策略就不能展開經營。

管理：管理是經營當中最重要的階段，從我們常聽到「經營管理」的連用就可見一斑。決策展開執行之後，便要立即進行管理，管理的目的是要使整個活動完成得更有效率，我們必須利用管理設法維持整個活動環境原則的穩定、減少物質的支出，並以最快的速度接近並實現目標。常見的個人管理細項包含金錢管理、時間管理、情緒管理等，這些我們在後面的章節會有詳談。

監督：監督即是以最嚴謹的心態及方式監察和督促經營活動的進行，確保經營活動按照原訂的策略走，確實在時間內達成小目標、保持效率，不出現怠惰的情形，這是確保經營活動能夠持續且確實繼續的部分。

改進：經營是富有彈性的。隨著時間的移轉，社會的潮流、技術的精進、發明的誕生及思想的變革等都會有所改變，在這個階段，我們雖要做到監督，但切勿墨守成規，除了觀察社會脈絡外，也要經常運用前面教過的「五力分析」來看清現況，而後針對結果修改策略，務求整體的永續發展。

我們一樣訂定「完成博士學位」的目標，現在套用這四個經營階段，看看要如何將它們運用在生活當中。

首先是**決策**，分散風險是在申請學校時很重要的策略，我們先訂出第一順位、第二順位及備胎順位，然後一併進行。接著是**管理**，當入學之後，你的金錢管理將首先被執行，你會要決定用多少金額租房子、花在交通工具上，接著是執行分配課業及生活時間的比例等。再來是**監督**，若你的管理活動是要選擇廢寢忘食的在少於平均時間拿到博士學位，那你必須監控自己的怠惰、檢視自己是否按照時間表走，及穩定面對挫敗時依然勇往直前的決心。最後是**改進**，策略的執行難免會發現問題、碰到阻礙、與原先想像有出入等，這時便要勇於改進、隨時微調。

下面我將會舉企業遭遇到的實例及企業領導者的經營風格，分別看看「決策」、「管理」、「監督」、「改進」這些經營的重要階段，如何影響著公司的延續及成長。

決策與改進：全球第一個營運超過一百年的資訊科技服務公司——IBM

我們從下面美國IBM的例子中，將會看到「決策」與

「改進」對於經營的影響。

在電腦發展的初期，IBM公司的創辦人托馬斯．沃森（Thomas J. Watson）相信將來電力普及到哪裡，電腦就必定會普及到哪裡，而且從當時科技、經濟及社會發展來分析，IBM認為將來一定是主機電腦的天下，公司只要購買一台功能極強的中央電腦，便可同時供多人使用，是個非常划算且正確的決策。然而，就在主機電腦剛開始普及時，就有人開發出了個人電腦，但在當時幾乎無人看好這種電腦，它不僅儲存量少、速度慢，又沒有資料庫，電腦最重要的計算能力又差主機電腦太多，甚至還被人笑稱為「玩具」。出乎意料的是，托馬斯．沃森猜錯了，美國蘋果電腦公司自最早的蘋果和麥金塔機種開始，皆是一上市就受到好評，訂單如雪片般飛來應接不暇。

雖是如此，但就IBM當時規模而言，有絕對的自信與資格相信：公司的走向是對的，決策不需要被更動，只需要好好發展、經營茁壯便可，因為這時歐洲與日本的電腦相關企業總銷售量加起來，也還沒有超過IBM公司的銷售總額。但好在當時IBM創辦人的兒子小托馬斯．沃森警覺性夠，發覺個人電腦將是未來的主流，他進入父親的公司任職，並做出改進經營決策的決定，因此IBM公司的生產體制及營運方向在一夕之間全部重新規劃、調整，例如，將公司內部開發相似產品的人員分成兩個獨立的部門，讓他們產生競爭意識、相互比較，進而快速的研發及成長。在兩年之後，IBM成為全世界最大的個人電腦（PC）標準，至今仍在沿用與發展。

管理：經營之神——王永慶

既然談到了經營，當然要說說臺灣人人稱道的經營之神——王永慶先生。從下面的故事，我們可以看看「管理」對於經營的重要。

1917年王永慶出生於台北窮困茶農之家，他15歲時先在茶園打雜，而後來到嘉義的米店當學徒。到了16歲可說是他從事經營的開端，這時的王永慶用父親借來的兩百日圓（相當於當時十幾個月的平均收入）自己開了間米店，因為積極認真的作風，例如：估計每戶人家的用米速度、送貨到府等服務，生意越來越興隆，之後也曾經營過碾米廠、磚瓦廠、木材行等，獲利甚鉅。

累積大量資產的王永慶，在1954年美國援助國民政府進行計畫經濟的時期，配合規劃投資PVC塑料的生產創設了福懋公司，為現在台灣塑膠公司的前身。從每年生產4噸的全球最小規模開始，為突破滯銷困境而增產至40噸以壓低成本，也一併成立下游的二次加工廠南亞塑膠、三次加工廠新東公司拓展外銷市場，完成堅實的垂直整合。之後更鼓勵員工出去創業發展，促成臺灣石化工業的蓬勃發展，也對台灣的經濟貢獻良多。

除此之外，王永慶更將企業朝向多角化發展，1965年跨足進入紡織工業成立台化公司，1974年時台化成為世界最

大的纖維生產廠之一；1976年，王永慶以父親為名興建長庚紀念醫院，本著台塑「取之社會，用之社會」的宗旨，欲補足臺灣當時醫療設備的嚴重不足；1984年電子業開始蓬勃發展，南亞塑膠有鑑於此便投資設廠生產電路板及錫箔基板，在20年內完整建立了電子原料上下游一貫的生產作業；1987年始設立長庚醫學院，後改為長庚大學，培育台塑集團旗下企業的相關人才。

王永慶將自己驚人毅力及成就歸於：「貧寒的家境及在惡劣條件下的創業經驗，使我年輕時就深刻體會到，先天環境的好壞不足喜，亦不足憂，成功的關鍵完全在於一己的努力。」並表示這個信念在漫長的歲月中，深深影響並支配著他的處事態度。

對公司的管理制度王永慶非常強調「合理化」，他發現很多企業大了，就會出現懷著吃大鍋飯心態的人，所以就由績效評估去做管理，加強個人榮譽感及成就感，當員工負責的部分有做好，就馬上給予表揚及獎勵，讓員工確實感到「一分耕耘、一分收獲」。而王永慶成功的管理原則是：一切照著制度走，追究誰該負責，由該負責的人去進行檢討，看事情為什麼會發生？從中又能得到什麼教訓？照著制度踏實地走，使王永慶成功維持了台塑在全球經營活動的穩定性。

能夠用50年的時間從無到有經營起一座事業王國，成為台灣最大的民營公司何其容易？王永慶就是有這種傲人本事。他終其一生強調「點點滴滴、追根究柢」的經營哲學和「實事求是」的經營態度，這些經營原則不僅僅運用在拓展他的事業版圖，也將王永慶的**「我」**經營得相當出色。

監督：臺灣半導體教父——張忠謀

從張忠謀的堅持與原則，我們可以看出周全的「監督」如何提升整個工作效率。

張忠謀為台灣積體電路製造股份有限公司（台積電）的董事長兼執行長，台積電為全球第一家，也是全球最大的積體電路製造公司，成立於1987年，迄今為臺灣股市市值最大的公司。

在張忠謀的領導之下，台積電致力於維持最高標準的公司治理模式，他認為：「工作，是有效率地做對的事情。」張忠謀在《天下雜誌》的採訪中表示，從他初進入職場做基層工程師開始，直至後來當了總經理、執行長、董事長都一樣，張忠謀每一星期工作的總時間都不會超過50個小時，而且準時下班，下班之後的時間及周末假期便是休閒、休息的時候，他除了強調積極工作的重要性，也很重視「充電」的時間。張忠謀經營**「我」**是如此，他更將這一套原則帶入公司的經營，張忠謀要求台積電的人資長在週報裡向他確認所有員工的工時是否在50個小時以內，也取消各廠禮堂放映電影給員工欣賞的措施，因為員工不該混淆工作與生活，張忠謀不只要一個優良的工作環境，更要員工自己負責下班後的

生活，讓員工自己掌握主導權，以尋求工作與生活中的平衡。

在張忠謀確實要求效率及執行監督之後，2010年台積電的營收超過了4千億的史上新紀錄，產能利用率更是超過了百分之百，但台積電員工的平均工時卻反而降低了。台積電的人力資源副總經理杜隆欽認為：「以前大家只想到要把事情做完就好，但卻忽略了裡面可能隱藏很多無效率的工作及白費功夫的時間！」在一改陋習之後，公司也消弭了普遍認為「主管沒走，誰敢走」的氣氛。

從上面三個大企業的例子，我們可以清楚看見企業家在各個經營階段所運用的經營技巧。

有沃森家族的自信與警覺性、懂得順應潮流看清局勢，成功的在IBM走向下坡前挽住了頹勢，並讓它能夠邁向另一個巔峰；也有王永慶的樸實與踏實、小心與用心，讓他能撐起龐大的台塑集團超過50年，更讓我們佩服他維持70多年對經營方針守恆的毅力；而張忠謀對於自身及公司原則及效率的嚴格把關，使台積電在成立的隔年就步上成功的軌道，也讓我們從他的言談中學到很多處事的哲學。

但值得細究的是，事實上，這些企業家只不過是將經營**「我」**的方法放大、放大、再放大於企業營運當中，就能將公司經營得有聲有色，反過來說，那我們也可以借鏡於這些企業的成功經營，將其歸納收斂成為經營**「我」**的方法，相信也一定能夠將「**我**」經營得有聲有色。

經營「**我**」是一段漫長且不間斷的浩大工程，中途難免會遭遇一些難關，此時的我們該正面迎戰。

在陸地上，我們只能感受到颱風的逼近而無法親眼看到，但在海上就不一樣了，我們能從天氣晴朗的這端，看到前方如壁壘般高的浪排山倒海而來。這時船員有三種選擇：一是調頭就跑，但這樣是行不通的，因為颱風的速度遠比船隻快得多；二是選擇左轉或右轉，不要正面迎向暴風，但這樣也是行不通的，還是速度的問題，而且一旦將船隻打橫，船的受風面積便會增大，翻船的危機也就大增；而通常，經驗老道的船長會選擇第三個，他們都會這麼做——關緊門窗、加足馬力地對準暴風衝過去，因為颱風風速最強的核心，距離也是最短的，如果就這樣直接面對它，反而是最容易脫困的方法。

遇到困難，有人選擇逃避、有人選擇推諉、也有人選擇面對，就像故事中的船長，乘風破浪之後，便又是風和日麗。

英國哲學家培根曾說：「我們不應該像螞蟻，只是收集食物；也不可以像蜘蛛，只從自己肚子中抽絲；而是要像蜜蜂一樣，採集之後加以整理、消化，這樣才能釀出香甜的蜂蜜。」的確，經營「**我**」就應該像蜜蜂這樣，採集所有綻放的花朵，然後將它們的花蜜整理、消化、吸收後，釀出甘醇

的蜂蜜。後面的章節將會百花齊放，等待著你的吸取、等待著你的釀造，那就先從有趣的人際關係開始吧！

總之，努力經營，人生必贏。

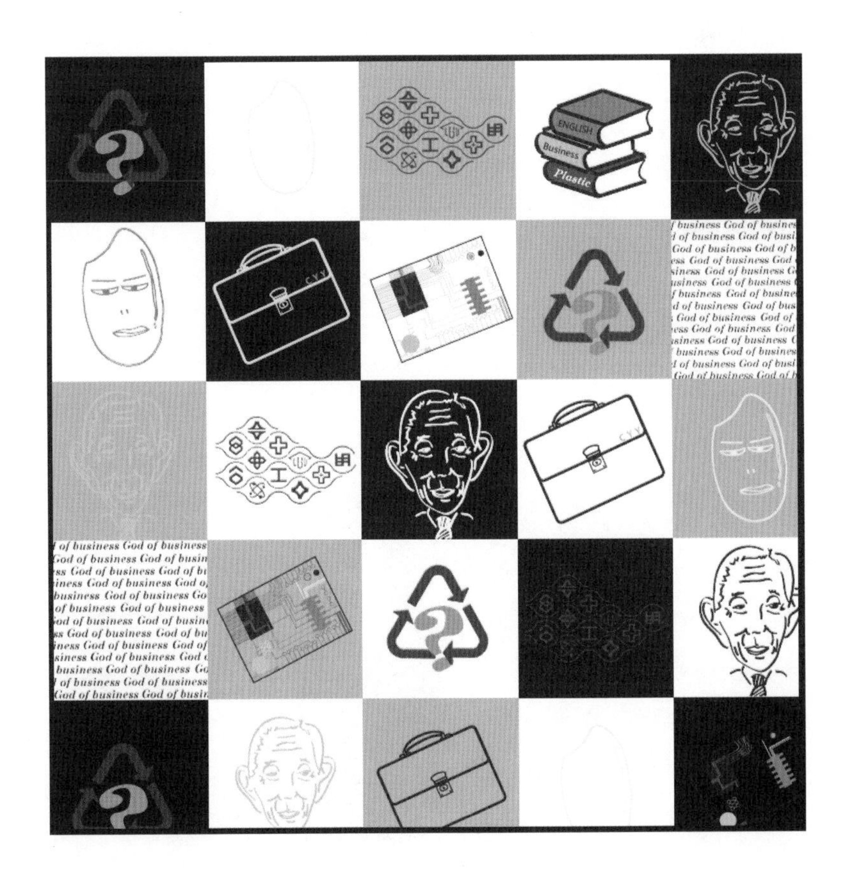

6 維繫人際好關係

觀察你周遭的人，你一定會發現部分的人很吃得開。所謂「吃得開」，包括升遷順遂、家庭和樂、朋友成群、在他的社交圈中呼風喚雨、無往不利，這樣的好人緣就是我們所謂良好的人際關係。

在追求**「我」**時，不管你擬定的目標是什麼，良好的人際關係都是張不能被忽略的「通行證」。

什麼是人際關係？

人際關係是指兩個人以上，相互支持或排斥、競爭或合作、疏離或親密、吸引或排拒等交互產生的社會行為。人類是群聚的社會動物，但同時又是具獨立思考的個體，每個人都擁有各自不同的生活背景、成長經驗、家庭

環境、思考模式、天生基因，但卻又要跟人群磨合、相互適應、改變，這總總的矛盾是因為有所相處才得以發生，而這相處的情形也就是我們所謂的人際關係。

人際關係的判斷

在面對一段新關係之前，我們總會下意識的先行判斷何者為尊、何者為卑，以決定我們面對這個人時的態度等，而在這裡，我用心理學的一個理論來描述、解釋我們普遍常會進入的判斷陷阱。

事件發生時，我們普遍會犯下一些「人性上」的錯誤。我們會利用一些外部訊息來解釋行為，稱為「歸因（attribution）」。

當我們在進行歸因時，經常會犯下「高估」了個人性格因素且「低估」了外在情境因素的錯誤，稱為「基本歸因錯誤（fundamental attribution error）」。比如說：心理學家羅絲等人在1977年時提出一個相關的實驗。實驗人員發給「發問者」一些益智猜謎的問題並附上解答，然後要求這些發問者提問「競賽者」，而競賽者則是負責認真回答這些問題，且這些問題因有刻意提高難度，以使回答正確率偏低。在益智猜謎競賽結束之後，實驗人員要求這些「發問者」、「競賽者」及「旁觀者」（觀看全場競賽的其他受試者）評估發問者與競賽者兩方的一般知識水準。結果發現，競賽者與旁觀者都認為發問者有遠比競賽者高的知識水準，且競賽者甚至還評估自己只具備略低於平均水準的知識。但事實上雙方的角色是藉由擲銅板隨機分派的，只是因為「情境」使得某些人看起來較為聰明，而另一方則看似愚笨。

由以上實驗我們可以看見，在社會中，我們也很容易認為薪水較低下的人似乎比較沒在努力、不濟事；在公司中，我們常會覺得新進的職員較沒經驗、不能幹，而主管普遍認為自己就是對的、好的，這其中隱含了許多基本歸因錯誤，說穿了，不過就是因為角色賦予人們既定的印象所致，實際上有很多人只是還沒得到適當的舞台。所以，在人際關係中，第一步就是「不要有強烈的主觀意識」，對任何人都應該以看待「明日之星」的心態與其相處。良好的互動關係，為的就是要保留一點未來任何一種你們關係上的變動。人際關係的奇妙之處，就在於這種流動性的社會關係，時時為自己留下後路會是最好的選擇。

人際關係的相處主要可以分成以下幾種：

家庭的人際關係

家人之間的相處，可說是人際網絡中最重要的起源，因為它佔據了我們從出生到進入社會前的大多時間。我們與家人的關係緊密，會一起參與食、衣、住、行、育與樂。古人有訓，身教及言教不就都來自這個階段的啟蒙嗎？所以，子

女和父母、兄弟姊妹、夫妻的相處之道，都會潛移默化的影響孩子的未來。

我們就先從親職關係談起，教養關係我們把它概括成四類，這四類包括：

第一種：接納並敏感於孩子需求的

第二種：拒絕並以父母自我為中心的

第三種：對子女要求較高且有控制慾的

第四種：對子女較無要求的（也包含不敢或不能）

看了上面這四種類型，你一定以為標準的親子關係是第一種「接納並敏感於孩子需求的」，但有趣的是，最能教養出正常人格的親子型態卻是第一種與第三種兼具者。因為這樣的互動關係才能令子女了解父母堅持的目的，也因為在乎孩子的需求、願意尊重孩子是個獨立個體的人格發展，所以才能建立雙向的良好互動關係。

若是第一種與第四種兼具型的父母，就會因為放縱、不管教而造成對孩子的單向溺愛關係；若父母是第二種與第三種兼具者，子女對父母的印象就會是獨斷的、威權的，進而產生代溝；若是第二種與第四種兼具型的父母，就會形成彼此忽視、互不理睬的冷漠關係。

以下整理好了一張圖表，從表中你就會容易明白這之間錯綜複雜的類型，會形成怎麼樣的家庭關係。（表1）

表1

	對子女要求較高且有控制慾的	對子女較無要求的（也包含不敢或不能）
接納並敏感於孩子需求的	雙向的、良好的互動關係	單向的、溺愛的關係
拒絕並以父母自我為中心的	獨斷的、威權的僵硬關係	忽視的、互不理睬的冷漠關係

結婚後，我們又會開啟另一段相處關係——伴侶間的相處之道。

夫妻關係來自於婚姻的建立，讓兩個沒有血緣關係的人，因為這個制度和儀式而巧妙的結合成一輩子最親近的關係。夫妻之間沒有血緣，但有時這關係卻比父母更親。夫妻關係必須先從交往、互相了解謀合後才會有的，也就是說，這段關係是先由練習、暖身才建立的。

夫妻之間的相處之道莫過於「情」字。這個情字，許多人都會以為是「愛情」，純粹而美滿的愛情，但其實越將愛情視為最重要因素的國家，離婚率也越高。的確，一開始夫妻兩人是因為愛情而結合，但日子一久，這段關係必須被昇華成「親情」，才得以更加穩固及維持，到了夫妻白頭之時，這親情又該被更多的「恩情」來取代。

兩人的愛情：廣義來說，愛情是指兩個人在對的時間，基於某些物質或條件因素和人生理想，在兩人內心形成對對

方真摯的憧憬，並渴望對方能成為自己終生伴侶的情感。因為愛情中滿溢了情感，人也因此變得多愁善感起來，而這多愁善感卻常成為愛情當中使對方心生懷疑、誤會的角色，所以信任與經常性的溝通、互動是非常重要的。沒有一場愛情能永遠轟轟烈烈，當一切歸於平淡、現實，坦誠與互信將是最重要的一環。

相伴的親情：愛情第一步提升不就是相伴的親情嗎？光靠著「愛」支撐一輩子，這情是否太重？但若能嘗試生活在角色扮演，丈夫將太太看成自己的女兒般疼惜，太太將丈夫當大男孩般看待；妻子偶而像女孩般對先生耍耍賴，先生偶而也要卸下面子對妻子撒撒嬌。彼此包容、牽絆、叮嚀，一起相伴認定對方是最重要的家人，並推著對方共同成長。

相惜的恩情：比如鄭進一「家後」歌詞中的語意，就已經為夫妻老年後的相惜知情下了很好的註解。年老後的夫妻相處會有很多的回憶做支撐，回憶那一年你犯了什麼錯誤，而你的另一半無條件挺身為你善後；回憶那一年他陷入了哪些問題，而你是怎樣伴他與拉他。

我很怕讀者看到這裡之後會想：「我的夫妻關係回憶全都是吵架、煩憂等不愉快的記憶」，若果真如此，那就在看完這本書之後，快快開始實行製造美好關係的方法吧！

講到婚姻關係，不免就會想起胡志強、邵曉鈴夫婦那鶼鰈情深的幸福。他們一起度過胡志強先生中風復健的時間，他們也一起走過邵曉鈴女士危及生命的車禍事件，共患難、同享福的真情，值得仿效。「只要有他，什麼都好」，在邵曉鈴眼中胡志強是位英雄，她總認為：有家、有先生、有孩子，此生就沒有什麼遺憾了！而胡志強也曾在一場活動中表示，愛應該是講求細水長流的，慢慢浸潤、濡染，會更深刻。我也常常告訴我先生：「我的人生因為與你相遇而變得有價值」，諸如此類聽起來噁心且似真似假的甜蜜話語，其實在無形之間都會讓另一半當成經營甜蜜婚姻的動力。

夫妻生活，長達數十年，夫妻間的相處、恩恩怨怨、愛恨情仇，豈是這短短的篇幅能夠道盡的？我有一位朋友曾經提及：「家，不該是一個講道理的地方。」或許就是這個觀念，可以幫助我們看待居家生活中的種種情緒和不公平。

同儕的人際關係

據調查，青少年平均一天需要與同儕聊天的時間為成年人的四倍。這樣的調查結果對我們來說其實是不意外的，而藉由同儕間的互動、角色扮演，可以促進社交關係的和諧以及為未來出社會做好準備。然而隨著年齡的增長，同儕影響力會漸漸減弱，但就算已屆中年，人們對於同儕的認同及支持感渴望依舊是存在的。

無論身處校園、公司、健身房或是各式各樣的會所，我們必定會擁有特定的同儕群體，要怎麼與這些似緊密又有些疏離的人群有良好的人際互動呢？

懂得聽取：對於同樣一件事，每個人的見解各異，多多聽取他人的談話，可以從中了解別人的生活背景、思考哲學。「誤會」是同儕分裂最主要的原因之一，可能因為以訛傳訛，也可能因為斷章取義，所以懂得傾聽他人的聲音，完整且無偏見的吸收，才能真正避免因誤會而造成的分裂。

懂得接納：同儕團體可能因為某部分的價值觀相似而聚集，比如說一起參加讀書會、環保活動等，但大家各自的成長背景還是大不相同，更何況是公司或校園這種非自願性組成的團體。所以在處理事情及決策判斷時，可能就會出現許多與自己意願相牴觸的聲音，此時一定要堅守「接納異己」的態度，但有一個很重要的觀念：「去接受，但不用嘗試去認同」。硬是要認同與自己信念相斥的東西，只會使自己感到壓力與混亂，這樣的關係是不會培養出長久情誼的。

懂得沉默：沉默是金。當我們在聽同事分析、剖析事情時，我們該沉默；當我們聽同事傾訴苦痛的時候，我們該沉默。這樣的沉默，代表「吸收」、代表「尊重」。

當兩個人在爭吵邊緣的時候，我們也該沉默，彼此少說兩句話來爭取冷靜的空間是必要的，若你屬於不善言辭的一方，那麼沉默會成為保護自己的盾，免得不小心說錯了話，陷自己於不義；若你是屬於善辯的一方，那麼沉默會使你看起來更為圓融。

懂得說話：雖說沉默是必要的，但我們也該適度的表達自己。生活中是否常常聽到：「他為什麼一點都不了解我？」、「我明明喜歡的是另外一個！」等等的抱怨呢？這些抱怨的起源都是希望別人能夠了解自己的想法與需求，並能給予滿足。但是你不講，別人怎麼會知道？猜心很累，猜錯會更傷。適時的開放自己、卸下面具，以誠懇的態度訴說，能夠讓雙方都更加輕鬆愉快。

職場的人際關係

職場中上對下的關係——向下扎根

我常在想：那些素人參加歌唱比賽、選秀活動或是選美比賽等，一旦因此冒出了頭，就會有一大票的粉絲蜂擁而至，那些粉絲會不眠不休的追星、會歇斯底里的吶喊、會掏空口袋去購買周邊商品。到底是什麼樣的力量成就這些，讓他們願意無怨無悔地把付出當享受？我想這就是所謂的「偶像魅力」。

所以一位聰明的上司應會懂得讓下屬對他產生偶像般的崇拜之情，崇拜的內容就要看你所身處的行業屬性而定了。身為上位者一定要跑在下屬前面，可以是能力、特長、或儀表和風格等，尤其是「福利要先員工而提出」，因為員工的心態總是：「倘若老闆能多多給予獎勵，我一定會用心打拼，以好業績回報。」當一個能聽見下屬聲音的上司，更能得到他們的心。

要作偶像，但不造神。要讓員工感到上司是可以被追隨

的，而不是遙不可及地供奉著，且時時要讓員工感到這份工作的所學和付出，未來肯定會回饋在人生上。

職場中下對上的關係——向上經營

把你的老闆和上司當成顧客經營就對了！服務業再再教育我們以顧客至上，你每天都會面對形形色色的顧客，有猶豫型的、有社交型的、有豪爽型的、有排斥型的，顧客有千千萬萬種，但老闆卻只有一個，你都可以應付那麼多不同類型的顧客了，面對區區一個上司，何其簡單？摸透上司的個性，給他所期待的，就像我們對小孩或是狗狗一樣，也都會順著毛生長的方向撫摸，讓他感到順暢、舒服，就是這個道理，如此一來，不論是平日工作或是未來升遷，都對你無往不利。

作為一位員工，我們應總是想著：「我憑什麼領這些薪水？」、「這些薪水買了我的哪些能力和資產？」、「如果上司真的是顧客，那麼我就更應該增加自己的附加價值以彰顯自己！」要懂得創造自我被利用的價值，比如說第二、第三專長，或是大於別人的工作效率等，讓上司感到如果沒有你就虧大了，或是如果少了你有些事情就無法順利完成，這樣的「不可取代性」將會大大提升你的競爭力。

客戶關係

顧客的型態其實可以粗略分成「猶豫型」、「社交型」、「豪爽型」、「排斥型」這四種，這樣的分類並不是指顧客的性格，而是特定情況下的行為表現。以下將會分別提供一些方法，讓你對付顧客能如魚得水。

1.猶豫型：也就是拿不定主意的顧客，面對這樣的顧客，以在百貨公司挑選眼影為例：一開始她看上了黑色的眼影，隨後又會詢問今年是否較適合粉嫩的淺色呢？還沒等到店員回答，她又看了亮眼的藍色，這樣的顧客說穿了對這三種顏色都感興趣。如果是聰明的店員，就會懂得耐下性子分析黑色的時髦萬用，粉嫩淺色顯得青春洋溢，亮眼藍色是今年秋冬最流行的色彩，形容一下這三個顏色對她的妝感如何加分，猶豫型的顧客便會全部買下！

面對猶豫型顧客最重要的是：耐心、專業度。

2.社交型：社交型的顧客永遠笑咪咪，明明是你要賣東西，但他卻反過來對你極為客氣，只差沒有鞠躬哈腰。這樣的顧客，他其實是想要塑造一個很好的公共形象，他對你的讚美和客氣是希望博得你對他的好印象。或許你有這樣的經驗：某位顧客明明很欣賞你的專業和服務，但怎麼莫名其妙就消失了呢？遇到這種類型的人，你必須回以加倍的禮貌及讚美，至於他會不會購買，就要看他當時是否真的有需要。

面對社交型顧客最重要的是：禮貌及讚美，且切勿因熟識而失禮。

3.豪爽型：豪爽型顧客的典型特徵就是說話音量略微大聲，且他會明確表達購買需求。這類型的顧客若對商品有任

何意見，販賣者也不用勉強他，依著他，看他要怎樣就怎樣，留一個當好朋友的機會，當他下次有需要時一定會再找你購買。豪爽型的顧客若服侍好了，未來他會為你帶來一大票的顧客，但若你因勉強他而不幸得罪了他，就有可能害自己流失原有的顧客群喔！

面對豪爽型顧客最重要的是：交朋友。

4.排斥型：排斥型的顧客常繃著一張臉，自信與自卑一線之隔。遇到這樣的顧客，只有一個辦法，就是——創造需求。給予需求就是讓他感到「他需要」，一旦他有了購物慾望，他便會自己轉換成前面介紹的那三型顧客之一，你只要再以前述的辦法互動，就能留住這位客人了。

面對排斥型顧客最重要的是：創造需求。

要經營有吸引力的人際關係其實是有捷徑的，大部分的人喜歡和思想態度較有相似性的人做朋友，也期待在精神或技能上有需求時可以找到互補性的人當救兵，這樣的條件之下，當然會希望興趣和愛好是跟自己較雷同者。所以在經營**「我」**的人際關係時，不妨以用心經營、投其所好當作目標出發，相信在拓展人際關係上會更加如魚得水。

人際關係最重要的就是溝通，因為唯有透過溝通才會理解對方的思想、愛好和需求，所以下一個章節我們將會介紹什麼是在經營**「我」**時必備的表達方式，以及如何建立良好的雙向溝通。

總之，示好、討好，人生就會好。

CYY

7 雙向的溝通智慧

溝通的組成

溝通無所不在，隨時隨地都會發生。早上起床時家人彼此間的問候就是第一個溝通；在梳洗時對著鏡子裡的自己來個大微笑，是能夠給自己一天活力的肢體溝通；而最平常的上街購物，更需要有效的溝通才能買到理想中的商品，這當中包括議價和對商品的任何疑問。

在心理學上談到溝通，首先就會想到語言的生成，語言的生成涉及兩件事情：一是我們在有限的時間當中選擇要說些什麼；二是我們提出這些訊息時所經歷的內心歷程。請注意，這裡所指的語言並不一定是指「口說」，語言當然也包括了「手語」以及「寫字」等，關於這部分後文會有詳述。訊息的生成者，我們稱為「輸出者」或「談話者」，而

訊息的接收者則稱為「接受者」或「聆聽者」，這兩者就是構成溝通的最基本元素，而兩者間還夾著溝通的訊息及溝通時所使用的媒介。

溝通的模式與種類

溝通的模式大致可分成三種：口頭語言、肢體語言、平面表達。

1.口頭語言：包括談天、會議、演講等，表達方式可細分成以下四個種類。

首先，是說話速度的「快慢」。在不同場合，我們會有不一樣的說話速度，比如說在辯論時我們說話的速度較快、顯得咄咄逼人；而教導小孩時說話速度則較慢、較為親切溫柔，希望小孩能一字不漏地聽進去，並了解你的苦口婆心。

接著，是語氣的「輕重」，我們可以利用重音強調某些詞彙，以凸顯情緒或重點，而輕聲的部分就令人更加印象深刻了，在台灣當了十幾年第一名模的林志玲，就以她的輕聲細語為標準形象，讓人有高EQ的形象感受。

再來是語調的「高低」，通常在情緒較激動時，會出現高音的表達音調，比如台灣有許多的英語補教老師，都強調他們是生動的帶動式教學，說穿了，就是在教學時運用誇張的音調以吸引學生的注意力和分辨音節。

最後，是遣辭用句的「縮放」。當希望獲得關注時，我

們可以選擇適當的放大詞彙來表達，比如生活中常會聽到有人說：「我都教過你『幾百次』了你怎麼還記不住！」這句話當中的「幾百次」就是我們常用的浮誇強調語；或者使用較迂迴、曖昧的詞句時，則可以縮小對自己較不利的事實。

2.肢體語言：包括舞蹈、戲劇、或簡單的輔助動作，這些無聲的表達方式可細分為以下四個種類。

首先是「眼神」。「眼睛是靈魂之窗」此話不假，根據心理學上的研究，判斷一個人是否說謊最重要的依據就是眼睛，從這個結論我們可以知道眼睛會洩漏很多事；同時，也可以解釋成眼睛可以傳達許多事情。運用整個眼部（包含眉毛）的動作，就可以輕易達到傳遞訊息的目的。我們可以用稍微皺眉表示不耐煩或有心事（總之就是不開心）；張大雙眼表示無辜或不解，就像我們形容小孩子的天真無邪，或是時下許多愛自拍的女孩兒，眼神所透露的訊息不也是這樣嗎？又或者，你應該看過說謊和思索時那種眼神的飄移，這就會讓人感到你的不確定。諸如前面的例子，都說明了眼神對於傳達訊息的影響力。

接者是整個臉部的「表情」，包含鼻、嘴、臉頰、額頭等（有些人還能運用耳朵）。對著鏡子試試，當一樣的眼神配上不一樣的嘴型，就會讓人感到大不相同的情緒，比如瞇起眼睛加上微笑表示魅惑，但如果是相同的瞇眼卻配上嚴肅的表情，就會給人「走著瞧」的意味。

再來還有「手勢」的部分，是不是常常看到有人走在路上一手拿著手機而另一手卻在空中比劃，這種手勢是幫助記憶的提取與組織；而另一種手勢則是手語，不局限於聾啞人士所使用的手語，也包含勝利手勢、敬禮手勢等，手勢能強化口頭語言的力道，讓我們更精準的表達，也讓接受者有更多訊息能進行理解。當然，第二種手勢並不存在跨文化性，同樣的手勢在不同國家可能有著兩極的解釋，比如說：V型手勢在台灣代表著勝利或開心拍照時我們也常用，但在希臘這卻含有污辱人的意思。

最後，是表達時的整體「儀態」。弓著身體可能代表著自卑、緊張，或是在傳達身體不適等；雙手環胸會給人高姿態的壓迫感、雙手叉腰通常表示生氣，這些儀態也會傳達出訊息給接收者，若希望完整傳達訊息，千萬不要遺漏了儀態這一環，因為儀態是整個人的大動作，非常明顯，所以更要格外小心。

3.平面表達：包含廣告、網路，甚至是集會遊行的抗議標語等。這類的溝通主要訴求易被快速理解，且以較少的字數或畫面傳達最大量的訊息，所以訊息必須有靈活的包容性、邏輯性，意義也需非常明確。書信是平面表達中比較概括的一種，因為它可以是囉嗦的長篇大論，也可以是一張精簡的記事便條；它可以具有深層的教育意義，也可以只是傳遞一個無聊的冷笑話等。這類型的訊息表達與前兩種模式有著很大的差異——無法看見輸出者本身的聲音及肢體表情，常常是單向傳輸的、只能意會的。

溝通的目的

溝通的目的簡單而言有四種：

1.說明事物：生活中會出現的敘述性話語，如：那是一杯紅茶。

2.達成企圖：為達到某種目的時所使用的手段性語言，如：麻煩把那杯紅茶拿給我，謝謝。

3.交流情感：為使聽者能產生情感上的共鳴與感應時，所使用含有觀感性的語言，如：這杯紅茶有媽媽的味道。

4.建立關係：藉由暗示性的言語表達友善之意，例如：這杯紅茶請你喝。

有效的溝通

在我們準備表達前，最首要的工作就是「聽眾設計」，所謂的聽眾設計是指在語言形成前，我們必須先知道（或預先設想）這些話語所要針對的對象，好讓我們進行編輯語言的動作。編輯語言時有幾點必須注意：

1.語言的數量：當你要傳達訊息時，必須先評估接受者實際需要的訊息多寡，了解訊息接受者已備知識的範圍，讓你的談話恰如其分。

比如：甲對乙說：「我今天和Kevin出去吃飯。」，若乙先前並不知道Kevin是誰，那這句談話就變得敷衍；但如果甲對乙敘述：「我今天和一位跟我蠻好的同事Kevin出去吃飯。」，那麼這句話所顯現的誠意與意義就變得更為完善。

2.語言的質量：盡可能讓你的訊息是真實呈現的、有組織的，用字或語調能精準地表達你所想的，而不會被誤解。

比如：電梯式自我介紹法。電梯由1樓搭到15樓這短短的時間中，要怎麼完成一段充實且完整的自我介紹？這就牽涉到語言的質量了。當我們在求職或求學時，都必定要自我介紹，其中的內容要包含姓名、學經歷、動機、未來展望等等，這些都要盡可能地確實且富有邏輯性，讓面試官們能在最短的時間之內充分了解你的訊息。不妨在每次搭電梯時都練習一次吧！相信以後就連突如其來的自我介紹場合也難不倒你了。

3.談話的關聯性：要確定所有你傳達出來的訊息能夠讓接受者與先前的談話內容產生關聯，若是想要轉換另一話題，你必須清楚地讓對方意識到這點，以免出現雞同鴨講的情形。

比如：在會議中，陳總經理正滔滔不絕的激勵員工們提出下一季行銷的創意提案，此時，小李率先舉手發言：「提醒總經理一下，努力固然重要，但別忘了員工的福利旅遊。」語畢，會議室內一片傻眼。

4.談話的重複性：盡量使用較簡明的形式進行溝通，以利對方事後提取時不會出現障礙；語言的內容要方便複製，以達到傳遞的方便性。

比如：慈濟的靜思語。我們常常希望大家能和氣工作，不要有太多情緒干擾到工作思緒及效率。可是這一大段話，不但沒有魄力，更顯得瑣碎叨念，而一句簡單的靜思語：「不要抱怨，要甘願」，卻能用短短的七個字就完全地詮釋，並且朗朗上口。這簡而易懂的七字就是因為具備了談話的重複性，而廣為流傳。

不論前面我們提點了多少，最重要的就是要告訴你，當了解了溝通之後，**「我」**必須要習得有效的溝通，才能順利地與社會互動。拆開它，我們發現，「有效的溝通」必須具備：傾聽、同理心、正確的態度、適時的讚美。接下來將一一介紹：

1.傾聽：溝通，最重要的莫過於傾聽。有一則關於傾聽的小故事：一隻小貓咪漸漸長大了，有一天，貓媽媽把小貓叫來說：「你已經長大了，再過幾天媽媽就沒有奶讓你喝了，到時你必須要自己找食物來填飽肚子。」小貓咪徬徨地問媽媽：「媽咪，那我該吃些甚麼東西呢？」貓媽媽想了一下回答：「你要吃什麼食物，我一時也說不清楚，那麼就用我們祖先留下來的方法好了，夜裡你躲在人們的屋頂上、樑柱間，或是陶罐子旁，仔細傾聽人們的談話，他們自然就會教會你了。」第一天晚上，小貓咪躲到屋頂上，聽見一個大人對小孩說：「小寶呀，記得把牛奶和魚放在冰箱裡面，小貓最愛吃的就是這兩樣食物了，沒冰好會讓小貓咪叼走的。」隔了一天的晚上，小貓咪躲在樑柱之間，聽到一個女人對丈夫說：「老公，幫我一個忙，把香腸和臘肉掛在樑上，小雞也要關好，別讓小貓偷吃了。」第三天夜裡，小貓咪躲在陶罐子旁，看到一位婦人正罵著自己的小孩：「乳酪、魚乾、肉鬆吃剩了也不會收好，小貓的鼻子很靈，你們明天就沒得吃了。」就這樣，小貓咪很開心地回家告訴貓媽媽：「媽咪，果真讓你說中了，只要我仔細傾聽，人們就會教我該吃些什麼。」靠著傾聽他人談話，學習生活技能，小貓咪終於成為肌肉強壯，身手敏捷的大貓，牠後來有了自己的孩子，也是這樣教導牠們的：「仔細傾聽人們的談話，人們自然就會教你。」

是的，傾聽可以教我們如何生存，大聲吆喝只會喪失學習的機會，唯有傾聽才能讓我們獲得更多的智慧與人緣。傾聽的時候，一定要搭配微笑點頭等肢體語言，這對表達者是種鼓勵和肯定，使他能夠繼續發言。並且，如果少了傾聽，會使我們無法清楚狀況和對方的想法，接下來的言論便會因此少了立足點與說服力，此外，傾聽的另一個理由是要理解對方的立場及心情，所以有效的溝通還包括了同理心。

2.同理心：同理心指的是能夠設身處地為他人著想，並對別人的情緒感同身受，也就是要經常將心比心地站在對方的立場，以對方的角度及思考模式為出發點。尤其是在和他人溝通時，要讓聆聽者感受到你和他是站在同一個情緒點上，畢竟，每個人都有「自我尊嚴感的需求」，因此，不論

你實際要表達的是否與對方立場相同，也應站在對方角度設想，力求圓融。

事實上，同理心不僅僅是談話者對聆聽者的尊重，當你傾聽一段言論時也應以適當的表情，表達聆聽者的同理心，切忌在哀傷話題時流露出笑容或是漫不經心，這對談話者是非常不禮貌的，當然，如果對方興高采烈地向你敘述一段豐功偉業，你也不能毫無表情。

「同理心」的養成可簡化成一個習慣，經常去想：「如果我是他，我會有什麼感受？我會有什麼反應？我會怎麼做？我希望得到什麼樣的回應？我的心情如何？我希望怎麼樣？……」除了建立這樣的思考習慣，若你是家長，也可以引導小朋友的思考成長。家長和小朋友可以玩玩角色扮演的遊戲，小朋友做一天小爸爸或一天小媽媽的工作，結算當日支出細項，或是擔任清潔、打掃的工作，也可以拿著購物單到超商補貨等等。家長為孩子設定清楚和具體的角色目標，讓他們在角色執行時體驗父母的立場，很快的就能夠培養出同理心了。

3.態度：當對象不同的時候，就要以不同的態度應對，比如說委婉或是有威嚴。就以提出個人見解為例：張秘書是個能幹且精明的好幫手，他常常能提出一些不同的觀點，成功幫助陷入苦惱的上司，因此，他對自己的工作能力日益自信，說話的語氣也越來越直接。終於有一天，張秘書的上司忍無可忍的提醒他注意一下自己的語氣，不然就得注意一下自己的飯碗了！有句話說：「強勢的建議是種攻擊。」，一開始的張秘書語調客氣委婉，日子久了卻忘了做語言上的修飾，顯得直來直往，忽略了職業倫理。雖然一樣都是建言，但因為態度上的差異而會得到不一樣的後果。

生活中，我們也常常發生這種「看似贏了，事實上卻輸了」的事情，像是夫妻為了要不要買一樣家具而吵架，老婆吵贏了，但卻可能毀了未來兩三天的甜蜜氣氛。這種「贏了面子，失了裡子」的事情，還是不要做為妙。

4.讚美：「批評和謾罵會讓天才變白痴，唯有讚美能讓白痴變天才。」就像大家都知道的，所有的事情都有一體兩面，只要我們有心，一定能找出事情好的面向，並加以讚美，使事情或是你所發表的言論顯得更加圓滿美好。我舉個愛迪生的例子：他終日關在實驗室裡研發東西，可以不洗澡、不社交、不問世事，此時遇到愛迪生的人，可以罵他骯髒、與社會脫節、甚至是瘋子；但我們其實更可以讚美他為追求新知而廢寢忘食、有很強的專注力和責任感。

即使是和不熟識的人相處，也可以找出話題讚美對方，可以從「外型」、「品味」或是「談吐」等方面給予讚美，至於「工作」、「經驗」、「學識」等，就必須有一定程度的相處和了解後，才比較容易從這些方面讚美對方，而不顯得敷衍或無知。

發自內心的讚美才會令人感動，例如：到朋友家作客，除了讚美朋友菜做得真好吃以外，如再加上「如果可以的

話，請教我煮這一道菜。」另外，當對方讚美你時，你也別忘了回饋微笑並說：「謝謝，有你的肯定，我會更加努力」、「謝謝，你的讚美是我最好的禮物」。若是上司或長輩對你的讚美，較好的回應是：「謝謝，這是大家一起努力的成果」、「託您的福」、「是您教得好」。充分的運用讚美和回饋讚美，會讓和你相處的人感到心花怒放。

小故事：

我們用一個實際的例子來印證以上的——傾聽、同理心、態度及讚美。

有一個媽媽在一日午後，接到學校來的電話，是念小學三年級的孩子的導師打來的。老師說：「你的小孩，在我的課堂上寫校外的作業，所以我沒收了他的作業本。沒想到他竟然拗起來了，全班都已經下課回家了，他還是纏著我要他的作業本，請你快來學校領他回去吧！」此時心急的母親以最快的速度來到校園，進入教室後，映入眼簾的是一支大藤條，短短的幾秒，母親思考著它的真正功能——「該不會是拿來打孩子的吧！」總之，媽媽確定，孩子正承受著極大的壓力。見到老師後，媽媽和孩子一起鞠躬致歉，老師將作業本及孩子交給媽媽領回。長長的走廊，除了這對母子外，沒有別人，這時孩子被母親因哭泣而抽搐的身體給提醒了，他感受到母親對他的不捨。小孩說：「媽咪我錯了，我以後會乖。」但母親卻流著淚回答：「你是個好孩子，我想你是因為對作業的責任感太重，而且課業壓力又太大，才會在課堂上趕補習班的作業，是我給你的安排太緊湊了，我們再一起想想吧！」

你看，本來是一段即將擦槍走火的母子糾紛，卻因為彼此的同理心，而增進了母子間的情感，達到最良好的溝通。

在經營**「我」**的過程，雙向溝通做得好，不僅可以改善人際關係，更能提升個人的魅力與形象，透由良好的雙向溝通，運用應對智慧以增進好人緣，適切地表達訊息以避免彼此誤會，才能開拓嶄新人生的溝通大道。

總之，說話不要急、不要搶，而是該想好再說。

小遊戲：

以下要介紹一個可以深刻體會到溝通中會產生問題及表達障礙的小遊戲。

遊戲最少人數為三人，以兩人為一增加單位。

首先，先在團體中選一人為主持者A，他要負責畫一張簡單的圖（注意不要被其成員看到），還有控制場面。其餘剩下的倆倆一組，選擇其中一人將眼睛矇上，作為訊息接收者B；另一個人則扮演指導者C。

當確定B眼睛矇上後，A便將圖畫翻開，請C開始向B敘述圖畫內容，讓他盡可能地重複出那張圖，但要注意的是，BC之間不能有任何肢體的碰觸。在所有組別都進行得差不多時A將活動停止，並請B將眼睛張開。

接下來可以分別針對兩張圖的差異、指導者對訊息的敘述、接收者對訊息的詮釋等方面進行心得的分享，主持者也可以旁觀者的身分提出想法。

下圖左是主持者A事先畫好的簡圖，下圖右是訊息接受者B在經過指導者C的引導下所完成的作品。我們可以從中發現，聆聽者的認知和敘述者間會有傳達上的偏誤。比如說，在畫右邊眼睛時，指導者C說：「對，位置對了，就在那裡畫上一個『小於』。」，結果訊息接受者B卻畫出了令大家噴飯的東西——一隻小魚！

8 打造形象新魅力

形象，是你的自身情「形」給予他人的整體印「象」；形象，亦是「形」形色色、包羅萬「象」的。而經由準備及練習，我們能在特定場合產生特定的形象，不過，你以為「形象」的學問很單純嗎？「形象」可是門大課呢！其中有許多值得深究、細探的地方，但相信，在耐心讀完這一章之後，你也會擁有能將**「我」**的形象適當且任意變化的能力。

形象的分類

要能妥善地利用形象為**「我」**帶來益處，首先要釐清形象的各個種類，然後再依循不同種類的屬性及特質來討論，才能清楚地學習及應用。

形象不單單是指由眼睛所看到的外貌，形象的分類可以有很多種，除了常見的「內在形象與外在形象」的分法外，還有「客觀形象與主觀

形象」、「內部形象與外部形象」、「正面形象與負面形象」、「直接形象與間接形象」等。

內在形象與外在形象

以企業來劃分，內在形象是指公司的目標、公司的精神、風氣等；外在形象是指公司的名字、商標、廣告等。而當我們觀察一個人時，會同時看到外在容貌及感受到內在氣質，外在容貌也就是外在形象，指的是你的外表，包含體型、長相、穿著、髮型、妝容等可以用五官直接判斷的特徵；內在氣質也就是內在形象，指的是思想、原則、生活哲學、處事態度等需要藉由一段時間的相處才能感受到的特性。

對於一個不認識的人，我們通常都會憑著外表來給予判斷與評價，也就是所謂的第一印象，因此，要如何將你內在形象的涵養變成外在表現，讓他人能直接看到你的氣質、思想等，是很重要的關鍵課題，除此之外，第一印象很容易根深蒂固，如果處理得不好，以後會很難抹滅掉。以下，我先描述如何提升內在形象，而後才是外在形象的包裝。

內在形象的提升

內在形象的提升，要做的是心靈上的滿足以及處事包容力的提升。心靈上的滿足意即品味，品味是一種高品質的生活型態，要培養品味，最好的方法除了多讀、多聽、多看，更重要的是要多想，若只是閱讀、只是聆聽、只是觀察，而沒有將其消化，納入生活思想當中，那麼，你可能可以做到見多識廣，但卻會失去品味最重要的內涵。千萬不要覺得品味是那少部分已經卓越的人才需要追求的，它應是所有人都該擁有並且被認真看待的。「相由心生」聽過吧？無論一個人多會隱藏，內心世界還是會不小心的洩漏出來。

據說，歐洲有一位畫家準備要畫一幅耶穌像，因此他遍尋相貌堂堂的男子來為這幅莊嚴、崇高的畫當模特兒，後來他終於找到適合人選，完成了一幅舉世讚賞的千古佳作。幾年後，有人提議畫家再畫一幅惡魔的圖來做為對照，以更襯托出耶穌的神聖，但這樣的模特兒要去哪裡找好呢？於是，畫家來到了監獄，挑了一個長相兇惡的囚犯當模特兒。就在畫家開始作畫時，這個囚犯突然哭了出來，畫家問他：「你怎麼哭了？什麼事情讓你這麼悲傷？」囚犯說：「我是因為觸景傷情才哭的，就在幾年前，我也曾經當過你的模特兒，想不到數年之後又遇到你，但際遇卻完全不一樣！」原來，這名囚犯就是當初畫家找來畫耶穌像那位相貌堂堂的男子。畫家驚訝地說：「你的相貌怎麼會變得如此猙獰可怕？」才知道，後來那名男子拿了高額的酬勞之後便開始不務正業，吃喝嫖賭樣樣做，甚至最後因為觸法而坐牢，相貌在不知不覺間也變得如此了。

從這個例子，我們可以清楚看到，一個人的心境能左

右一個人的相貌如此之大，耶穌與撒旦的天壤之別竟會出現在同一個人身上。所以就從現在開始，多多充實自己的內在吧！

外在形象的提升

外在形象是指我們能夠用五官直接評斷的特徵，五官分為眼睛、耳朵、鼻子、嘴巴、手，我們可以用眼睛看到他人的體型、裝扮，用耳朵聽到他人的聲音、談吐，用鼻子聞到他人身上的味道，用手觸碰到他人的肌膚，當然，我們不會用嘴巴去嚐別人，但我們會用嘴巴親吻親密的人。

那麼，我就先從由眼睛看到的外貌部份說起，可以分為身材、穿著、髮型、妝容及色彩，這些是最明顯也是最容易改變的形象。豐腴的身材，容易給人較親切的感覺，但也可能帶有懶散的氛圍，而較細瘦的身材，會有輕盈幹練之感，但也容易帶來距離感，身材比例上的更改較不容易，但我們還是可以藉由穿著、髮、妝及配色來調整整體感覺。

在服裝的選擇上，要注意所身處的場所，在穿上衣服之前，要想一想你必須表達的是什麼樣的形象。比如說：一個沒穿白袍的醫生，是否專業度就打了折扣呢？除此之外，挑選衣服有一點一定要注意，必須穿起來感到舒適且不會限制活動。相信你應該常在路上看到有人不斷的拉扯自己的衣服，或是姿勢僵硬、不自然，這種表現就是「撐不起」服裝的樣子，應該是人穿衣服，我們應該要讓自己的氣勢壓過服裝，而不是輸給服裝，讓衣服來穿我們。

聲音的運用及談吐也很重要，還記得前兩個章節「維繫人際好關係」和「雙向的溝通智慧」都有提到這個部分，說話的快慢、語氣的輕重、語調的高低、遣詞的縮放等等都是語言的表情，通常低音比高音更能令人感到安心、大而低的說話語氣及速度具有節奏感的聲音較具說服力，一般而言，聲音大的人會給他人比較外向、表現欲比較強的印象，說話較小聲的人比較內向或是沒有自信，而聲音高亢的人會比較顯眼且具有團隊帶動性的形象。

心理學研究發現，氣味是最能喚起鮮明回憶的開關，尤其是聞到惡劣的氣味及當氣味連結的是不好回憶的時候。由此，我們知道了氣味對於記憶的影響力，所以要有好的第一印象，我們更該好好的處理氣味的問題，如果在會與人挨近的場合，最好確保身上有股香氣，香氣可能來自頭髮、衣服、或是香水，而如果腋下容易流汗的人，噴上一點止汗劑可以預防不良氣味的產生。香氣的挑選也是需要配合服飾或場合的，現在許多香水都會附上小故事供你參考，不然在購買時也可以詢問專櫃人員的意見，然而，切記氣味越清新自然越好，過於濃郁可是會讓人敬而遠之的喔。

透過肌膚的觸碰，能表達「卸下防禦」之意，對於初次見面的人，握手是最好的選擇。美國心理學家曾做過一個實驗，分別測試三種與人交往的不同方式，一是遮住雙方的眼睛，只讓雙方對話；二是兩個人皆不說話，但面對面看著

對方；三是遮住雙方眼睛，不說話、只握手，並在測驗結束後分別詢問雙方的內心感受。結果，方式一獲得的是「距離感、形式性」的評價；方式二獲得的是「冰冷的、不成熟」的評價；而只有方式三獲得的是「溫和、值得信賴」的正面評價。握手比單純的語言訊息更能感到與對方的接近，「觸碰」有提高親密度的效果，容易讓陌生人感到較為舒坦。

客觀形象與主觀形象

客觀形象是指所有人都可以依照一定的標準來衡量的特徵，大多是實體的物質形式，比如以企業來說，指的是市場佔有率、產值、利潤等；而以個人來說，則指財產、職位、學歷、身高體重等大家普遍會有共識的客觀存在。主觀形象是指個人因自身狀況而對他人會產生不同評判標準的特徵，是較難量化或描述的，對企業而言，說的是公司的主要客戶群、合夥人、員工素質等影響他人對公司觀感的內容；就個人而言，主觀形象大多是指個性、態度和交往的朋友群等。

客觀形象的提升

要提升客觀形象其實容易，只要持之以恆地努力就一定會有收穫。以個人而言，只要理財、存錢，便能累積財富；只要在公司盡忠職守、建立好人緣並重視人際關係，便能升遷調薪；只要肯學習、肯下功夫，便有辦法提高學歷，也就是說，客觀形象因為擁有一套「普遍的衡量標準」，所以只要知道自己要補強的是什麼，往那個方向埋頭努力就行了。

主觀形象的提升

相較於客觀形象，要提升主觀形象比較難掌握，但有個不變的要訣就是：「投其所好」！

我聽過一個故事。有一個新上任的主管，他到公司報到的前幾天，由公司內的朋友口中得知，這間公司的員工大都喜歡穿白色細條紋襯衫，而他為了想和員工打成一片，不要因為是新主管而有所隔閡，所以在報到當天，他也特別穿上一件嶄新的白襯衫。然而，當他走進辦公室的時候，卻看到每個人都穿著淺藍色的襯衫，原來，員工們也打探到，這名主管喜歡穿這種藍色襯衫，為了討好他，大家都很有默契的穿上了藍襯衫，整個辦公室頓時哄堂大笑，氣氛一派和樂。

由這個故事我們就可以知道，討好別人的第一步，就是投其所好，掌握對方的主觀喜好，讓新關係有個美好的開始。

內部形象與外部形象

所謂的「內部」與「外部」，是根據形象接受者的範圍來區分的。以企業而言，內部形象是指公司內的員工對自己所在之公司的整體感覺及認識，比如說效率的重視與否、制

度的嚴謹程度等；而外部形象則是指員工以外的社會大眾、其他公司等對該企業形成的認知，舉凡弊案、誠信問題等，都會使公司的外部形象受挫。而就個人而言，內部形象指的是對知己、家人等較親密的人所表現出來的形象，較貼近內心世界、較真實的表現；外部形象指的是對陌生人或較疏遠的人所表現出來的形象，通常較客氣、社會化。

內部形象是整合、提升的關鍵，以企業來說，訂定目標口號、制定公約及規範或是像前面「開拓你的永續經營之路」章節中講到關於台積電內由主管帶領的效率風氣等，都是很好的做法，若一個組織能有充分良好的內部形象，將有利於形成更豐滿的企業文化，進而帶動企業的產能。就個人而言，內部形象指的是一群能夠給予依靠及提供避風港的人在一起時所產生的特質，比如說，促進班上團結、家庭和樂、友誼緊密等，建立好這類的形象，讓你在遭遇挫敗時，能獲得足夠的鼓勵及扶持，然後重整再出發。

很多人會認為內部的事應該關起門來講、悶著做，做得不好也無所謂，但我認為，雖然內部形象接受者的範圍較小，但作用卻是很大的，「先安內再攘外」的道理要記得，我們必須先穩定內部的局勢、解除內部的隱憂，才有餘力對外抗戰。

除此之外，我們也應該致力於平衡內部及外部形象，也就是說，盡量要「表裡合一」。很多人私下的真實我和在外面的社會我是不一樣的形象，有些人社交面的形象比較活潑、開朗、熱愛公益，私下的生活卻是憂鬱、計算得失，但是，必須要注意的一點是「關係是會變動的」，今日的敵人，可能是往後的朋友，好友和伴侶也有可能漸行漸遠，當關係改變時，態度表現的差異，會使你落入現實、虛假的形象，假使我們的內部及外部形象比較相近，那麼類似的問題就不會產生了。

正面形象與負面形象

正負面的分法其實是最容易懂的，它按照社會的輿論、公評態度來劃分，無論是企業或個人，正面形象皆指受到認同、接受、肯定等能使你更受人喜愛的形象；而負面形象則是指與正面形象相牴觸、被否定的等有損於你被喜愛，甚至導致被厭惡的形象。

每間公司、每個人都同時擁有正面及負面的形象，當我們與人接觸時，正面形象及負面形象皆會被暴露出來，若要維持良好的關係或獲得利益，我們除了要致力於增強、擴大我們的正面形象，另一方面也要設法彌補負面形象，或是將其消除、隱藏起來。

擴大正面形象

所謂正面形象就是指成功的形象，而成功形象會展示給他人一個有自信、有力量、有能力、而且有尊嚴的魅力

感。像是美國民權運動領袖馬丁．路德．金恩博士（Martin Luther King）和印度民族主義聖雄甘地（Gandhi），他們利用自己的魅力形象，成功地吸引著追隨者的思想。我們或許不像他們如此偉大，但我們能向他們學習這樣的正面形象。那他們是怎樣擁有這身充滿魅力的正面形象呢？答案就是：「感他人所感，痛他人所痛。」在日常生活當中，我們應該時時注意他人的喜好、他人的情緒，以同理心去思考，並願意站在他人的立場檢討自己的不是，以開放的心胸去尊重別人。這些話說來容易，而且相信你都已經聽膩了，但是我們必須「真正做到」。

彌補負面形象

每個人或多或少都有不利於自己的負面形象，當負面形象出現，可能會造成關係惡化、無法建立新關係，或是造成情緒上的不滿等。要培養一個好形象不容易，而想要消除壞形象更難，因為壞形象通常來自不良的生活習慣，或是早已發生而無法抹滅的過去。因此，設法彌補才是最快且最容易的辦法，彌補的第一步是要先「了解問題」，弄清楚造成負面形象的原由以及事端，並且就事實的真相設法彌補；此外，面對自己也要試著用「自信心」及「樂觀的心態」來支持自我心理的強度，千萬不要被早已不可挽回的事情擊垮了。

直接形象與間接形象

直接形象與間接形象是根據獲取訊息的方式或媒介來劃分的，直接就是指有實際接觸過的、親身體驗及經歷過的方式，間接則指透過大眾傳播、口耳相傳等非本人實際接觸的方式。

對個人而言，若非風雲人物或公眾人物，那麼這種劃分方式不需要太注意。但就企業而言，這種劃分就非常重要了，因為當一般民眾實際接觸某產品時，可能會發現材質不好、包裝簡陋、不協調的設計，或是試用之後效果並不好等等，無論之前或之後藉由媒體、廣告、部落客和朋友的推薦來認識商品，他也一定不會去購買；反之，若一個產品果真絕妙的好，卻因為沒有足夠的宣傳、廣告這類的間接形象補足，那麼產品的銷量也不會出色。所以在二者之間我們必須取得平衡，若間接形象過好於直接形象，意即公司只重廣告，不在乎品質，公司不僅會獲得負面的評價、失去信賴，還可能吃上廣告不實的官司；而若直接形象好，但間接形象低落，則會產生滯銷的危機。

而**「我」**的形象也一樣有直接間接之分，除了充實自己，使自己擁有真材實料，讓跟自己親身接觸的人感受到你的好，擁有正面的直接形象外，「做口碑」的間接形象也是同等重要的。舉個例子：當你聽見甲直接對你說：「你好善良、好漂亮！」與聽見乙告訴你：「甲跟我說，他覺得你很

善良、很漂亮！」感受是截然不同的。透過第三者所表達的讚美之意，比起直接告訴本人會更加添驚喜感，因此，當你有心經營形象時，可以試試透過第三人的間接形象宣傳，這樣的口耳相傳可是很有作用力的喔！

主導形象與輔助形象

某形象是主導或輔助，是由受關注的程度來劃分的，在不同場合當中，會產生不一樣的配對情形。以購買智慧型手機為例，一般最關心的當然就是手機的品質（如：畫質、容量、速度）及價格，所以品質及價格就會是智慧型手機的主導形象，至於製造該手機零件的工廠或是販賣手機的公司的企業理念、知名度、規模、是否有回饋社會的行為等則構成了輔助形象，通常在選擇商品的時候，會以主導形象為優先，而若當兩品牌的主導形象相當時，輔助形象就很有影響力了。

而若以個人為例，假設要應徵一個行政助理的職位，那麼文書處理的能力、資料整理及歸納的能力與語言能力將會是主導形象，至於外貌、家庭背景、性別等因素則會是輔助形象。

也可以將輔助形象看成附加價值，不要覺得輔助形象只是不無小補的東西，平常若能充實附加價值，那麼在轉換跑道或進入下一個人生階段時會更加順利無礙，誰知道下一個面對的狀況何者是主？何者是輔呢？如果只有一個專長，是很容易被取代的。

前面講述外在形象有提到視覺的部份，我覺得這個主題有必要細究一下，因為通常我們都會先被視覺擄獲，所以視覺包裝就很重要了，好好運用它，便能瞬間確立起自己的定位及獨特性。

視覺包裝

形象當然要加入視覺包裝這個設計項目，視覺形象能加深別人對自己的品牌認同度。企業LOGO會藉由設計、形狀、字體、圖案，來傳達意念或是企業的期待，比如說，德國一家汽車引擎廠商的商標，是一隻大象踩著一顆被花生殼包裹著的花生米，這代表著怎樣的意義呢？為什麼他們的商標是跟企業內容沒有任何相干的動物呢？原來啊，因為全球車廠那麼多，每一家車子的引擎都不一樣，就算同一間公司，也會因為不同系列而有所差異，對於這間德國引擎工廠而言，不管對方是什麼車種，由它們出產的引擎就如同花生殼與花生米一樣，不管是什麼樣的形狀，它們都會量身打造使其能緊密結合，絕對會滿足車種與車商的需求；而大象的涵意是指，由它們製造的引擎就算是大象來踩，還會絲毫無損的牢固和堅固。

再來說說個人的情形，我們也可以利用外表的特定打

扮來讓人留下深刻印象，像是帽子歌后鳳飛飛的商標就是帽子，而豬哥亮以馬桶蓋頭著稱，李㼈則是將頭髮抹滿髮膠、梳得方方正正，看到超級恨天高（矮子樂）就會想起Lady Gaga等等，像是這樣的做法，你也可以模仿並運用在日常生活中，比如常穿波希米亞風的長裙、窄管牛仔褲配紅色高跟鞋，或是總是穿著咖啡色西裝褲等等。

顏色就是最簡單的視覺包裝，相對於圖形，顏色是較強烈的視覺形象，色彩也可以運用在商品、裝潢和商標上面，普遍來說，女生通常比較喜歡白色，但是購買白色的東西常令人猶豫，因為不耐髒，過去白色很少被使用，但這幾年因為塑膠及金屬材質已比較不容易沾染污垢的原因，白色開始被大量接受，例如筆電、手機等，所以現在不少女性消費者很喜愛白色的電子產品。至於在商標中，顏色在區分形象中也是很重要的，比如說，看到紅色的可樂會想到可口可樂，而看到藍色的可樂則為百事可樂，很多企業和個人都會用代表色來提升視覺包裝形象。

利用上面談到的形象分類與視覺包裝技巧，開始試著改變你的形象吧，因為形象魅力的打造會為**「我」**增加邁向目標的自信程度，人際關係的加分也會使你的策略之路更為平順。

總之，擁有好形象，生活新氣象。

y attention to your image !!! Pay attention to your image !!! Pay atten
Pay attention to yo
ay attention to your image !!! Pay attention to your image !!! Pay attention to your imag

9 無法抗拒的自信心

先分享一個關於自信與聰慧兼具的女人的故事給大家：

有一天晚上，美國總統歐巴馬和他的妻子蜜雪兒去餐廳用餐，餐廳的老闆要求私下與蜜雪兒說說話，而歐巴馬同意了。在談話結束之後，歐巴馬就問了蜜雪兒：「餐廳老闆為什麼那麼想和你說說話呢？」原來，在蜜雪兒還是少女的時候，這間餐廳的老闆曾經瘋狂地愛上她。歐巴馬接著說：「如果妳當時嫁給了他，妳現在就是這間餐廳的老闆娘了耶！」結果，蜜雪兒竟然給了一個意料之外的答案：「不，如果我嫁給了他，他現在就是總統了。」

一個人是否具有自信心，其實是會左右那個人的命運，有自信的人，很容易事事順遂，比較輕易能夠完成目標，至於沒自信的人則剛好相反，容易氣餒的情緒，是會讓本來該有的表現大大扣分的。

哈佛大學曾有博士主持了一項為期六週的「老鼠通過迷陣吃乾酪」實驗，實驗的對象是三組學生加上三組老鼠。博士對第一組學生說：「你們太幸運了，因為你們分配到的老鼠是一組高智商的天才老鼠，這群老鼠非常聰明，牠們會以很快的速度通過迷陣而抵達終點，然後吃很多乾酪，所以同學們你們必須多準備一些乾酪放在終點。」博士對第二組的學生說：「你們會和一群普通的老鼠分在同組，這些老鼠雖然沒有聰明絕頂，但也不至於太笨，最後牠們還是會通過迷陣抵達終點，然後吃一點乾酪，因為牠們智商普通，所以你們對牠們的期望不用太高。」接著，博士轉向第三組說：「真的很抱歉，你們的老鼠是三組中最笨的，這些老鼠智商較低，所以牠們的表現會很差，如果牠們真的能夠通過迷陣到達終點，那真的是叫做意外，因此，你們這組就不用準備乾酪了。」六個星期後，多次實驗結果出爐了，天才老鼠們每次都迅速通過迷陣，很快就到達終點；普通的老鼠用較緩慢的速度也會到達終點；至於較愚笨的那組老鼠，最後只有一隻曾經抵達終點。有趣的是，這名博士竟然公佈這裡面所有的老鼠，是隨機分配給三組同學，而且通通都只是普通的老鼠，根本沒有所謂的天才和愚笨的老鼠之分。

你看，隨機分派的三組老鼠本該出現差不多的成績，但事實結果卻隨著博士的分類而不同，第一組的學生因為知道自己拿到了聰明老鼠，因而信心大增，實驗結果也出奇的好；然而，第三組的學生因為覺得自己拿到了笨老鼠，似乎怎麼努力都只是徒然，所以最後的成績差強人意。從這個故事我們可以知道，建立自信心是邁向成功的**「我」**不可或缺的課題。

什麼是自信？自信是一種對自己的高度肯定，是一種發自內心的強烈信念，也是一塊厚實的成功基石、一脈激發潛

能的泉源。因為自信的人會重視自己、會珍惜自己的價值、會感到對自我的尊重，而且，最重要的是總會覺得有一股美好的暖流橫亙在心中，做任何事情都會有一股勁；自信的人總會覺得有一股神祕的力量在幫助自己，這股神秘力量的逼近會使他們對未來充滿好奇及興致，這讓他們更加積極、更加有耐力的完成接下來的任務，走完接下來的路。

從上面的形容看起來，有自信的人似乎懷著「金剛不壞之身」，而想擁有自信似乎需要經過漫長的「靈修頓悟」？其實一點也不，就讓我來告訴你這個小秘密吧！

自信是可以被訓練、被培養出來的，它並不是什麼高不可攀的公主王子，也不是價值不菲的稀有金屬或微量元素，自信是個人毅力的發揮，是一種能力的展現，想擁有自信、想增加自信，不用付出多慘烈的代價，或是等待神的揀選與施捨，你只需要付出小小的努力，慢慢累積、慢慢體會，你便可以坐擁浩瀚的自信之洋，**「我」**便可以依著這片海洋到達任何的角落。

要建立自信心的第一步是了解自己，第二步是喜歡自己。

了解自己的優點

很多沒有自信的人都認為非常了解自己，但其實這樣的了解只是片面的、偏頗的，沒自信的人多半只有注意到自己的缺點而已，他們疏忽了自己的另外一面，另外好的一面。這就像是月球一樣，如果你只專注於月球暗面（我們通常不會看到的背面）那坑疤醜陋的樣子，而忽略了月球光亮平滑的正面，是不是太過偏執、太過忽略了它的溫柔美好？面對自己也是相同的，每個人都有缺點、都有暗面，但別忘了，每個人也都有優點、都有值得被讚賞的亮面喔！

現在，先放下書本靜靜地思考一下，**「我」**有什麼長處？而**「我」**又有多少優點？多小多小的優點都可以算進去，然後再想想別人能同時擁有這些嗎？別人不能！雖然你的缺點並不會憑空消失，但謹記你有的這些優點，不斷複誦、不斷複誦，有自信的人並非接近完美，只是更了解自己的好。

用喜歡自己增加自信

有一位不論到哪個企業都能受重用的年輕人，他換了幾個工作，每一個工作他都做到了高層，每一個行業他都出類拔萃，每一次他要離職的時候，老闆總是極力挽留他，「你怎麼辦到的？可以讓自己這麼地出色呢？」有朋友問他。這優秀的年輕人回答說：「有些人成功靠的是運氣，有些人成功靠的是努力，當然也有人是因為天資過人，而我靠的是別人對我高度的信賴，因為客戶信任我，才讓我有業績；上司信任我，才會給我更大發展空間的職務。」朋友不解地接著

問：「可是如果別人不信任你，你又能怎麼辦呢？我覺得信任太抽象了，也無法左右別人要信任你。」優秀的年輕人回答：「不不不，不要氣餒，你可以明確地告訴對方：『你可以信任我！』，或者說：『我是可以被信任的！』事實上，別人對你的看法，是由你喜歡自己的程度決定的。」

路上的人、班上的人、公司的人，很多看起來都既有精神又開心，在沒有要緊事時大家笑著、聊著，融入社交生活、融入歡樂，但當剩下自己獨自一人時，卻鮮少有人能對著內心歡欣鼓舞，能真誠地告訴自己：「我喜歡你」。

要做到這點，除了發掘及謹記自己的優點之外，首先是要達成「讓自己放心」的境界，再來就是「做足準備」及「充實自己」，最後則是能夠「替自己作主」。

1.讓自己放心：事情的完成度會左右我們自己的心情、左右周遭他人的看法，進而對自己的信任及信心造成影響。當接收到任務時，比如需要完成一份簡報或回家要打掃房子，總不免擔心一下成果的好壞及預期的評價，但這其實都不是最重要、最需要關注的，如果只將焦點放在他人的身上，只顧著揣測他人的目光，後果常會是讓自己在垂頭喪氣的情緒當中完成一件不如預期的事。

我們要將目光著眼於「自己」，我們需要別人的扶持才能站在現在的地方，我們也需要別人的拉拔才能到達下一個目標，我們更需要別人的支持鼓勵及讚美才比較容易挺起腰桿走下去。我們需要其他人是擺在眼前的事實，但人生明明就是自己的，我們真正該負責的對象其實是自己，在做事時應該要想著：「這樣做，我自己能夠認同嗎？」、「做到這樣的程度，我能接受嗎？我放心了嗎？」才對，如果你交出去的成品連自己都不滿意，別人自然不會接受；當你在遞交成品的時候，別人會感受到你對自己作品的態度，縱然他原本可能覺得還不錯，但你散發出的畏縮氣息，可能引起他人看法上的猶豫及改變。我的建議是「事情提早做」，並且妥善運用「不只是呼口號的目標」章節裡提到的「120法則」，留下20％的彈性時間，當你對自己的成品不放心時，應該要繼續修改精進，善用這20％的時間，使你的作品更加完整，一旦你滿意自己的東西了，別人便會感受到你的喜悅及肯定，姑且先不論它被別人認同與否，光是這份完成的成就感，就能大大提升你對自己的好感。

2.做足準備：做足準備是指事先「觀察別人」，觀察的對象是你身邊重要的人，例如：攸關仕途的上司、攸關幸福的伴侶等，而觀察的內容則包含這個人的性格、風格、需要的協助及想要完成的事等等，如果能從中找到自己能幫上忙的地方，就快快主動出擊，不僅能博得他人的好感，也因為你在對方開口之前就早已準備好，所以更能有充分的時間將事情打點妥當，做到讓自己放心。

3.充實自己：自信心來源於自我滿足及自我優越感，而自我滿足及自我優越感的來源絕非是虛無的自我膨脹、自欺欺人，而是源自自己累積的實力，能做到讓自己放心，表示

已盡力發揮自己的實力，能做足準備也是藉由平常點滴的累積。經由觀察他人之後，你不只會發現他們的需求，也會發現自己在許多地方的不足，使自己無法順利幫上他們的忙，雖然已經盡力了，但總覺得還可以更好，因此就要開始深造自己的實力，補足缺點外也要更加放大優點，簡單來說，就是要勤於學習，在實力及能力慢慢增長的過程當中，自信心也會跟著滋長，擁有智慧與能力的人怎會不喜歡自己？

4.替自己做主：自信的人在經營人生時有一個很大的共通點——替自己做主，做主、做決定是一種負責任、有擔當的行為，前面提到過人生是自己的，當然要自己做決定！從前的你，可能總是受制於人，可能只專注於完成他人交代的事、可能想著逆來順受就好，但這樣的處境及心態，很容易造成自我弱化，不只無助於增加信心，一不小心還會折損原有的自信。

台積電創辦人張忠謀說過：「每個人在工作上都應該展現自主管理的能力。」要改變現狀不容易，但我們可以從預先規劃未來開始，想想你要什麼樣的未來，訂什麼樣的目標，選擇什麼樣的策略，之後再開始從現階段的生活小地方做起。如同張忠謀說過的：「最初他進職場時，是由主管告訴他什麼是對的事情，但後來工作逐漸上手了，他開始會有自主判斷的能力，懂得提出自己的想法與意見。」這就是在工作場所中替自己做主的小小實踐之路，嘗試替自己爭取一些時間、一些機會，當你漸漸能夠支配自己時，自信的感覺就會不斷地湧上。

5.讓自己很重要：第二次世界大戰後，經濟大蕭條，有一家瀕臨倒閉的食品公司，老闆為了起死回生，決定裁員。有三個職務的人被列在其中，他們是清潔工、司機，還有倉儲人員，這三個職務的人加總起來共有二十多位，老闆語重心長地對這二十多位即將失業的員工說明裁員的原由。清潔工馬上回應說道：「老闆，我們很重要！因為沒有我們打掃公司，就沒有優美、健康、有序的工作環境，試想在你們辛苦工作之後，進入廁所映入眼簾的是沒人傾倒的垃圾桶，你們怎能專心地投入工作呢？」一位資深的司機說：「我們太重要了！如果沒有司機，公司的產品怎能迅速地送達客戶的手上，唯有我們才能熟悉這些路線，既安全且快速，使命必達。」倉儲人員也趕快接著發言：「我們很重要！戰爭剛結束，有很多人因飢餓所以鋌而走險，如果沒有我們，那公司的食品很可能會讓這些飢餓的乞丐和流浪漢搬光。」老闆覺得他們講得很有道理，躊躇再三後決定留任他們，並且，老闆隨後在公司門口掛上一塊匾額，上面寫著「我很重要」，這句話挑起了全體員工的積極心態，事隔一年，這家食品公司不但沒有倒閉，還成為日本很有名的食品公司之一。

這是個真實的故事，它告訴我們：在任何時刻，都要認為自己是最重要的，不要因為自己只是顆小螺絲而自卑，一架飛機是會因為鬆動的小螺絲而造成一場難以想像的災難。

由生活中提升自信心

下面提供一些方法及概念，讓你在日常生活中就能夠更快樂、更自信，擁有容光煥發的光彩及做事的衝勁。

1.聚光燈效應：在大庭廣眾之下做事、表演、發表時，是不是常常覺得別人正在注視著你？是不是總覺得有一道正在注視的目光令你感到不自在？不要再害怕了，其實這不過就是你的錯覺。心理學上將這種感受稱為聚光燈效應（spotlight effect），指的是我們普遍會過分高估別人注意到自己的程度，常會覺得別人正在暗自評論自己，但事實上這只是我們個人的錯誤知覺罷了。你感覺明顯的事，其他人並不一定會注意到，例如，當你因在眾人面前講話而感到面紅耳赤時，對方可能只是看到你的兩頰紅潤，似乎正說得慷慨激昂而已，事實上，你的困窘其他人並不是那麼容易察覺的，更遑論你是走在繁忙的街上。不要太在意自己的舉手投足是否會為你帶來訕笑，別人根本就自顧不暇了，沒有多餘的時間在乎你的細微末節。

2.笑：我們應該要經常笑，笑會使內心充滿力量、充滿自信，彌勒佛有句銘言：「笑開天下古今愁。」只要一個笑，就能改變心情、改變容貌、改變心態，甚至改變健康與壽命，我將笑容粗略分成無聲的微笑及發出聲音的大笑。

微笑能讓憂愁的情緒頓時輕鬆許多，印象最深刻的例子是當慈愛的長輩在安慰傷心的孩子時，總會說：「不要難過了，不要再哭了喔！來，笑一笑，笑一個給爺爺看。」孩子笑了，心情也就跟著好了。不要覺得這只對三歲小孩有效，人的面部表情會和內心體驗一致，不信的話你現在試著揚起嘴角，用力向上揚，來個大大的微笑，然後體會一下內心的感受，是不是跟剛剛面無表情時不一樣了？微笑是一個很簡單卻很有實際效果的方法，每當你遇到挫折或是灰心喪志時，別忘了用微笑來提振自己一下，它能使你減輕憂愁、擺脫煩惱，心情舒暢、精神振奮之後，做起事來會更順手有效率，好心情與好成果將會讓你成為自信滿滿的人。

大笑使用的時機跟微笑不太一樣，當情緒低落的時候勉強自己微笑會帶來心情的轉好，但若是此時硬逼自己大笑，卻會帶來更落寞的反效果。大笑是在心情較為平靜或開心、快樂時使用，大笑又稱為「健康的體內慢跑」，因為這樣的行為不只是臉部肌肉的伸縮，還會運動到我們的五臟六腑，促使血壓、心臟病風險下降，及刺激免疫細胞增加等，所以閒暇時不妨看看小笑話，或是上網搜尋爆笑短片來讓自己放鬆的大笑一番吧。

3.運動：運動除了保養及強健我們的身體外，更能促進心理的健康狀態，因為運動可以調節交感神經及副交感神經的平衡，最重要的是腦內啡（endorphin，又稱為內啡肽）的分泌，腦內啡是一種類似嗎啡的物質，它會與神經上的嗎啡受器結合，讓你有如使用嗎啡一樣有止痛、愉快的感覺。大量的運動會促使大腦分泌腦內啡，這些運動包含游泳、有氧

舞蹈、跑步、騎單車、球類運動等，長時間且持續性的活動及深呼吸是這些運動的必要特徵。多多運動，保持體內腦內啡的分泌量會使你更有精神、更快樂，拋開過去沒自信的愁容，展開有氧新生活。

4.小目標：樂聖貝多芬說過：「涓滴之水之所以可以磨穿大石，不是在於它力量的強大，而是在於晝夜不停的滴墜。」自信心的建立，也最好是由小小的、短期的目標開始，不是因為小目標有什麼大的能量，只不過是因為小目標比較容易完成，每次的小成功都終將累積成最後那充足而飽滿的自信，不要因為要做的事情太多、太雜而失去耐心與信心，利用「不只是呼口號的目標」章節裡的劃分方式，可以幫助你立訂明確、易執行的小目標，進而使完成後的每個成就感轉化為你的自信心。

5.鏡子：如果你的自卑及不自在不是因為自身實力的不足，而是來自於別人審視的目光導致無法發揮自我，那麼對著鏡子練習吧！假裝鏡子裡的人是你將要面對的人，模擬你們可能會出現的對話、對話時會使用的表情、姿勢等等，例如：頭部要以什麼角度，面對他人直視其眼睛時才不會讓對方感到脅迫感，或是試著擺弄幾個姿勢，看看是否會出現醜態及缺點，之後再加以校正，經過反覆這樣的練習之後，就可以比較有自信的上場迎向挑戰了。這種「事前練習」的做法，就像大考前會做許多模擬試題，或是有重要演講時會事先準備演講稿複誦一樣，用幾乎已經背起來的東西，以不變應萬變是自信心不足時的不錯選擇。

如果一開始你不知道該怎麼做，可以先從「事後檢討」開始做起，經過一整天與人相處，利用洗澡前後或是就寢前的休息空檔，站在鏡子前回想今天發生的事，例如跟某位朋友的打鬧或是與上司的會談等，並在鏡子前重現你做過的動作、站姿、表情等，彷彿在看一部重要的影帶般認真地看著自己，一發現不妥就馬上按下暫停鍵，然後試著換換幾種其他的動作或表情，直到它更加合適於當時的場合及情況後，將這樣子的組合記起，以備下次類似狀況發生時可以利用。而除了修正動作，這時候也可以修正說話的內容，讓下次的聚會可以更加有趣順暢、下次的重要會晤可以更加體面。

6.想像訓練：我們的大腦很容易被暗示影響，催眠就是較容易接受暗示的人在催眠師強烈暗示之下的結果，想像訓練就是自己執行自我暗示（或叫做自我催眠）的過程，先說一個小實例讓你了解暗示力量的強大——幻肢痛（phantom pain）的治療。幻肢指的是失去四肢的人（或是身體任何被切除的部位），仍能感覺到其附肢的存在，甚至能經驗到早已切除的臂膀某部位在疼痛，治療這種根本不存在的疼痛有一種有效的治療方式：鏡箱治療，比如說被切除且感到疼痛的是右手拇指，那麼就使用擺有鏡子的箱子移動到某個角度，使患者在鏡中看到右手拇指的出現（而那其實是他還健在的左手拇指的鏡像），用鏡子來騙騙大腦其實右手是好好的、存在的，一點也不痛。

所以，我們要善用這個大腦的弱點來變成建立自信心的優勢，首先，你要深信自我暗示的偉大力量，並且每天持續做這種精神集中的暗示訓練，時間不用太長，大約一天十分鐘左右就可以了。接著，就是「對自己說話」，就像球隊上場比賽前都會一起喊出提振士氣的口號一樣，不斷且堅定地對自己說一些正向的話，像是希臘三哲人之一的蘇格拉底就會說：「最優秀的人就是我自己。」；投資之神巴菲特會說：「每一塊錢都是下一個十億的開始。」；而英國擔任多任首相的邱吉爾及美國第十六任總統林肯都會對自己說：「絕不放棄，絕不、絕不放棄，絕不、絕不、絕不放棄！」類似這樣的精神喊話會提振你的自信心。

千萬不要想著你會輸，因為如此你必定會輸；千萬不要想著你會失敗，因為如此你就會失敗，看看上面那些成功的人，都是不斷重複著自己的信念並堅持到底。

除了對自己說話，第三個步驟就是「想像成功的畫面」，就像沈三白在「兒時記趣」一文中寫到，他小時候將成群的夏蚊想像成群鶴在天空中飛舞，果然群鶴就真的出現在眼前一樣，心之所向會帶你看到心目中的畫面，而這般成功的影像，能讓你彷彿置身在「我可以」的情境當中，這種勝利非你莫屬的想法，就是自信心的湧現。

努力當個自信的人吧！自信的人快樂、達觀、擁有充沛的幸福感，能夠浸淫在生命的美好當中，不要因為過去的失敗、過去的不名譽，而造成今日的不快、今日的自卑。我們受到挫折後總有一天是要恢復過來的，沒有走不出的傷痛，人生是不斷的選擇題，現在的一個選擇會影響下一個題目，選擇自信吧，讓**「我」**往後的每一道題目都能回答得既順利又漂亮。

總之，成功喜歡跟著有自信的人。

10 成為情緒的主宰者

情緒是一種很複雜的東西，它不單單指一個人的心理狀態，還是感覺、認知、行為、生理反應的綜合表現，比如說：一隻大棕熊突然出現在你的面前，你不會只是感到害怕、驚恐，同時，你會心跳加速、血壓升高、辨識出那是頭帶來危險的熊，並且做出躲避的行為，這些都包含在情緒的範疇之內。

情緒是我們對外在刺激的反應，所以只要是活著的生物必會擁有情緒，不論面對再小的刺激，或是面對刺激的是一個再怎麼平和冷靜的人。也就是說，情緒隨時隨地都會存在，你的情緒會成為另一個人的刺激，而他的情緒又會再影響其他的人，你的平靜、放鬆能夠使得周遭的氣氛變得祥和；你的暴躁、易怒也會讓身旁的人際關係變得紊亂淪陷。這一個章節，是要教你學習體察**「我」**的情緒、控制**「我」**的不好情緒，讓因情緒引起的壓力、緊張關係等都能

夠得到緩解，接下來就先由兩則小故事來看看壞情緒的影響是如何之大。

認識壞情緒

壞情緒的威力

一根火柴棒價值不到一塊錢，一座森林的寶貴幾乎無價，但是一根火柴棒卻能燒毀一整座森林，可見這看似微不足道的小東西，潛藏著無比巨大的破壞力；疊一幅骨牌畫作曠日廢時，但推倒一堆骨牌卻只需要幾秒，可見成功需要花費多大的努力，而失敗卻只需要一步失足。

火柴棒代表的是你的壞脾氣、壞情緒、不當的判斷力、不夠的自制力，當我們失控的時候，可能是小小的一句諷刺、輕微的一個眼神就足以燎原；當我們情緒失控的時候，很可能在一轉瞬的時間，就把辛苦建立起的人際關係、和樂氣氛、良好形象全都搞砸，所以我們要隨時想想自己身上帶著多少根火柴棒，並想想它們有多可怕。

壞情緒的疤痕

小村子裡有一個頑皮的小男孩，他總是愛捉弄別人，也非常容易生氣動怒，除了惡作劇之外，口出惡言更是常有的事。受害者的家長紛紛來到小男孩的家中向男孩母親告狀，要她好好管教自己的孩子。這位母親向孩子父親說起這件

事，請他幫忙想想辦法，讓小男孩可以改過自新，學會控制自己的情緒，好好善待自己身邊的人，至少不要再像現在那麼頑劣了。

當晚，父親拿了塊木板去找準備睡覺的小男孩。父親說：「寶貝，我不是來對你說教的，哪，這塊木板我會放在客廳牆上，如果有一個人來告狀，媽媽就會在上面給你釘個釘子，但如果有人來說你進步了、你乖，那麼媽媽就會替你拔掉一個釘子，當作抵銷。」

日子一天一天過去，小男孩頑皮如昔，木板上的釘子也與日俱增，當就快要過完一個月時，小男孩發現板子上再也找不到地方可釘釘子了。這樣的景象讓小男孩突然意識到自己是不是脾氣太壞了、是不是該做點好事讓釘子能夠減少，於是，他開始學會忍耐自己容易爆發的脾氣、批評忍住不說出口，於是他減少了惡作劇的次數及程度、學習主動提出幫忙，剛開始，釘子時多時少，後來等小男孩漸漸懂得如何收斂之後，釘子就一根一根地被媽媽拔出來了。

有天爸爸下班回家，才踏進門，小男孩就拿著木板飛奔到他面前炫耀著說：「爸爸你看，木板上都沒有釘子了耶，很厲害吧！」男孩的父親拿起木板、抱起兒子慈愛的說：「真的耶，我的寶貝是最棒的，我就知道你一定行的。」但是話鋒一轉，爸爸又說了：「不過，你仔細看一下木板，是不是發現上面有釘子釘過坑坑疤疤的痕跡？釘子代表的是你對別人造成的困擾、傷害，拔起釘子代表了你的補償，但是最重要的是，傷害一旦造成了就會留下永遠無法彌補的痕跡，就像木板上這些回不去的坑洞一樣，這點你一定要謹記在心喔！」

當我們做錯事，可能一句道歉、一個陪禮就能夠了事，但假若我們傷害到的是心靈，那就不是如此簡單能夠挽回的，很多傷害是回不去的，就算止了血、結了痂，傷疤永遠會存在。因此，我們應該好好學習如何面對情緒失控、如何調節情緒，以免鑄成不可彌補的大錯。

當我們受到不利於自己的刺激時，像是被罵、被毀謗，或是感受到外在環境改變時，比如調職、及結婚等生命階段的轉換，都會造成壓力，並使我們產生保護自己的慾望。當這些情緒逐漸增強而掩蓋住了理性，讓你產生不合理的想法及行為時，有幾個方法可以幫助你發覺自己的失控，避免讓自己陷入人際的混戰當中。

了解自己的情緒表現

希望能改善情緒之前，最重要的就是「意識到」自己的情緒正在醞釀、正在發展、正在爆發，若沒有辦法意識到自己的情緒也就無從改起。就好像你的腸胃是空的，所以絞痛著，以為病了急著吃藥，卻沒想到原來是餓了，是該找東西填飽肚子才對。你必須先發現自己的情緒，才能找到對的辦法控制情緒、解決情緒。下面兩個方法能幫助你「意識到」

情緒：

1.傾聽自己：除了要習慣傾聽他人說話，更要嘗試傾聽自己說話，從中，你會體察到自己對於情緒的展現，像是說話態度、語調、用詞等等，要以第二者及第三者的角度傾聽，最好能感到自己抽離身體，接著，你會發現更容易掌控自己任何情緒的釋放手法，這道理就如同「當局者迷，旁觀者清」一樣，讓自己成為旁觀者，傾聽自己的聲音，就更能夠掌握情緒的局勢。

2.觀察自己：除了傾聽，也要觀察自己非語言的部分，例如臉部表情、身體姿勢或是手勢等會表露情感的地方，在前面許多的章節都有提及非語言的溝通方式對於自己形象的重要性及立即性，在沒有鏡子時，我們很難察覺自己到底做了些什麼動作、很難整體的知道自己給別人的觀感，所以「鏡子」就變得很實用了，在前一個章節「無法抗拒的自信心」有提到如何使用鏡子觀察自己及修正自己，不妨可以翻到前面再次複習。

處理自己的情緒

對於擺在眼前的事實，逃避只會使情緒更糟，樂觀的情緒是一種生活習慣，是可以藉由培養而來的，我不會告訴你：「樂觀就是往好處想、自信就是相信自己會成功。」這樣空洞的話，一點幫助也沒有。以人生某一次的失敗來想像吧，樂觀與悲觀的人皆曾經歷過失敗，對於悲觀的人來說，這些失敗正是造成他悲觀的因素，他對很多事存有疑慮、恐懼，他總是害怕這種不愉快的經驗再次出現；然而，樂觀的人也一樣對這些失敗刻骨銘心，但他所想的、所談論的卻是在這次失敗中學習到的東西，以及他是如何脫離那次失敗經驗的。

你還在悲觀嗎？試著想想在某一次失敗中你學到了什麼。此外，還有一個辦法能讓你學習到樂觀，就是「日記」，養成寫日記的習慣，不用每天寫也不用每件事寫，想到的時候寫一下，今天遇到衰事要抱怨的時候寫一下。幾年之後回過頭來看這些日記，你會發現當時非常在意的事情其實也沒有什麼，像是企劃書被退回、像是失業、或是吵架、分手等等，當你以不同的人生高度回眸，你便會發現這些不好的情緒是可以接納的，是容易處理的，而且自己也有能力消滅它們，之後，你自然而然就會是一個樂觀的人了。

1.接納它：如果你很生氣、如果你很悲傷，你要的不是壓抑或做任何的掩飾，你必須正視它、坦誠地承認這些不愉快，並且接納自己有情緒反應。若是一味的排拒這些起伏的情緒，那便無法真正解決問題。就像考試時你因為害怕考不好死不翻開考卷，那你要怎麼好好解題以拿到分數？你在掙扎時時間不就無故浪費掉了嗎？所以，當你情緒上來時，你要做的事是誠實地告訴自己現在的心情，然後才能衡量這些情緒是否會破壞你所想要達成的目標、破壞你的策略、破壞

你的人際關係等等，如同翻開了考卷才能開始選擇答案。

2.處理它：負面情緒是需要抒發的，長期憋在心中的怨氣會成為不定時的超級炸彈，一旦炸彈爆炸就比火柴燒森林更難以收拾。當你感到負面情緒或是不合理情緒出現時，你該釋放。如果負面情緒是來自別人的言語、別人的理念，那麼就把你前面學到的「雙向的溝通智慧」技巧拿出來使用，委婉卻堅定的表達自己的想法、自己的立場，誠懇地說出自己的感受，萬萬不可口出惡言，或是出現肢體上的脅迫感。惡劣是別人的事、他用他的理念過他的人生，不要拿別人的過錯來懲罰自己的情緒；當然，這其中，你必須先正視自己的情緒，然後才能思考負面情緒的由來，最後想出處理的最好方式。

3.消滅它：接下來要講的是消滅負面情緒，消除負面情緒有兩個方向，一是提升正面情緒，二是降低負面情緒。提升正面情緒的部分與提升自信心雷同，可以參考前一章的有效作法，本章將著重於負面情緒的降低及調節方式。

即時的怒氣可以用深呼吸及忍耐告訴自己不要爆發，但經過累積的負面情緒卻需要用更完整的方式徹底消除。想要減少壓力、放鬆情緒進而促進健康的話，可以多運動及做放鬆活動，運動的好處及運動項目在前一章「無法抗拒的自信心」已提及，所以在此就不多說，至於放鬆活動有幾個常用的項目可以做，如生物回饋法（biofeedback）、腹式呼吸、漸進式放鬆訓練及打坐等等，因為生物回饋需要一些電子儀器輔助搭配，平常自己無法進行，因此我僅介紹搭配腹式呼吸的漸進式放鬆訓練：漸進式肌肉放鬆法，和冥想打坐兩種。

由身至心的放鬆——漸進式肌肉放鬆法

這套幫助壓力調適的方法是艾德蒙．傑克森（Edmund Jacobson）在1970年時所設計的，放鬆的作法是先讓身體各部位的肌肉收緊，讓它們維持在緊張的狀態下，體會各個部位肌肉的緊縮；用力收緊之後，再慢慢地將肌肉鬆開，盡量放鬆到肌肉感受不到任何緊繃，體會各部位肌肉的放鬆及舒適感，並且仔細去感覺肌肉在「緊張」及「放鬆」之間的差異，達到真正的放鬆。

將全身的肌肉分成四群分段放鬆：1.手臂、手腕及手掌的肌肉；2.五官、頸部及肩部的肌肉；3.胸部、腹部及背部的肌肉；4.大腿、膝蓋、小腿及腳掌的肌肉。跟著以下的步驟做，在身體的放鬆中，你將會感到心靈的寧靜及舒適。

步驟一：找一個安靜不受干擾的空間（最好關上手機、及任何可能中途干擾的東西），穿著寬鬆舒適的衣物，並且找一張有靠背的椅子坐下，坐的時候請採取最輕鬆自然的姿勢，盡量將上半身的重量都至於臀部，自然垂下的雙腳重量平均分散在兩個腳掌上，雙手輕輕擺放在大腿上，然後輕輕地閉上雙眼。一定要是最舒適的狀態，不要因為拘泥於這些指導文而造成不協調或緊繃。

下面的指導步驟可以請另一個人協助坐在你身邊幫忙念出，或事先錄音再播放，效果會比自己背起來操作更好！

步驟二：慢慢地呼吸、深深的呼吸，用鼻子吸氣……、用口吐氣……，吸氣……、吐氣……，這個步驟重複三次，接著換成吸氣……、再吸氣……，之後緩緩的吐氣……、再吐氣……，也重複三次。記住，每次的吸氣都要感到胸部及腹部脹滿；之後的步驟，用力時請配合吸氣，放鬆時配合吐氣。

步驟三：首先是手部的放鬆。現在，將注意力集中在平放於大腿上的雙手，用力「握緊拳頭」，並且用力……再用力……，除了動作之外也要在心裡默念著「用力再用力」，然後體會整隻手及二頭、三頭肌的緊張感；大約五秒之後開始慢慢地放鬆手掌，放鬆……再放鬆……，放鬆時，你會感到鬆弛、溫暖、輕鬆，之後感覺放開拳頭的放鬆感和剛剛的緊張感覺做比較。再重複整個步驟一次，用力、然後放鬆；吸氣、然後吐氣。

步驟四：現在，將手離開腿部抬到水平的位置，用力將「手掌外張」手背後凹指向頭部，而整個手臂做出「用力推門」的動作，用力……再用力……，感受「前臂」的緊繃感；大約五秒之後開始慢慢放下手臂、擺回大腿，放鬆……再放鬆……，放鬆時，你會感到鬆弛、溫暖、輕鬆，之後感覺自然垂下的放鬆感和剛剛平舉外張的緊繃感覺做比較。再重複整個步驟一次，用力、然後放鬆；吸氣、然後吐氣。

步驟五：接著是五官及頭部的放鬆。現在，用力將「眼睛睜大」、「額頭往上揚」，拉緊整個額頭周圍的肌肉，用力……再用力……，感受額頭的緊繃感；大約五秒之後開始慢慢地放鬆，放鬆……再放鬆……，放鬆時，你會感到舒緩、輕鬆。再重複整個步驟一次，用力、然後放鬆；吸氣、然後吐氣，最後回到輕鬆閉眼的表情。

步驟六：現在，用力將「眉頭」往中間皺緊，用力……再用力……，感受眉頭的緊繃感；大約五秒之後開始慢慢地放鬆，放鬆……再放鬆……，放鬆時，你會感到舒緩、輕鬆。再重複整個步驟一次，用力、然後放鬆；吸氣、然後吐氣。

步驟七：現在，用力「咬緊牙關」、牙齒用力咬合，用力……再用力……，感受「臉頰」的緊繃感；大約五秒之後開始慢慢地放鬆，放鬆……再放鬆……，放鬆時，你會感到舒緩、輕鬆。再重複整個步驟一次，用力、然後放鬆；吸氣、然後吐氣。

步驟八：現在，用力「張開嘴巴」，把舌頭用力抵住下排的門牙，用力……再用力……，感受臉部拉扯的緊繃感；大約五秒之後開始慢慢地放鬆，放鬆……再放鬆……，放鬆時，你會感到舒緩、輕鬆。再重複整個步驟一次，用力、然後放鬆；吸氣、然後吐氣。

步驟九：再來是胸、腹、背部的放鬆。現在，用力地將「肩膀」抬起，用力……再用力……，感受肩膀及脖子的緊

繃感；大約五秒之後開始慢慢地放下肩膀，放鬆……再放鬆……，放鬆時，你會感到溫暖、舒緩、輕鬆。再重複整個步驟一次，用力、然後放鬆；吸氣、然後吐氣。

步驟十：現在，用力將胸膛向上挺起來、背部向前凹拱，用力……再用力……，感受「背部」的緊繃感；大約五秒之後開始慢慢地恢復為原來的坐姿，放鬆……再放鬆……，放鬆時，你會感到溫暖、舒緩、輕鬆。再重複整個步驟一次，用力、然後放鬆；吸氣、然後吐氣。

步驟十一：現在，做一個深深的吸氣、用力的吸，直到感受到「胸部」因充滿空氣而不舒服，大約閉氣十秒之後開始慢慢地吐氣、回復到自然呼吸的狀態，你會感到順暢、舒緩、輕鬆，之後再重複整個步驟一次。

步驟十二：最後是腿部的放鬆。現在，將雙腳伸直並盡量抬到水平位置、腳尖用力向下壓，用力……再用力……，感受「大腿」的緊繃感；大約五秒之後開始慢慢地將腳尖放鬆，放鬆……再放鬆……，放鬆時，你會感到舒緩、輕鬆。再重複整個步驟一次，用力、然後放鬆；吸氣、然後吐氣。

步驟十三：現在，雙腳平舉，腳背微凹使「腳尖用力指向頭部」，用力……再用力……，感受「小腿」的緊繃感；大約五秒之後開始慢慢地將腳尖放鬆，放鬆……再放鬆……，放鬆時，你會感到舒緩、輕鬆。再重複整個步驟一次，用力、然後放鬆；吸氣、然後吐氣。

最終步驟：現在，將腿放下恢復為原來的輕鬆坐姿，並持續放鬆。讓整個身體處在這種輕鬆的狀態之下，大約十分鐘後緩緩睜開雙眼，你會發現隨著身體的放鬆，頭腦也跟著平靜了下來。

由心至身的放鬆——冥想打坐

由心至身的放鬆較難以控制，必須完全仰賴自己停止思考煩惱、屏除雜念，告訴自己要把心靜下來、讓揚起的塵埃得以落定。

有一些方法可以協助我們進入這樣的心靈放鬆狀態：

首先，找一個不會被干擾的安靜環境，可以放一點柔和的音樂或是飲用鎮定情緒的茶（如薄荷、薰衣草茶等），或是點上香精油。接著，用最舒服的姿勢坐下來，或是躺下來也可以，接著輕輕地閉上眼睛、放鬆身體，慢慢地呼吸、深深的呼吸，吸氣……、吐氣……。然後，想像有一道柔和溫暖的光照在你的身上，你覺得自己很舒服、很放鬆；這道柔和的光，先照到了你的頭上，隨著緩慢的吸氣及吐氣，你覺得很溫暖、你覺得很舒服，讓這樣舒服的感覺緩緩地蔓延到肩上、到身體上，隨著深深的吸氣和吐氣，你覺得更溫暖、你覺得更舒服了，這道柔和的光繼續向下蔓延，照到了你的臀、你的腳，隨著緩慢的吸氣及吐氣，你覺得自己好輕、好輕。想像自己來到一片遼闊的土地、想像自己走入了布滿綠茵的樹林，你可以隨著呼吸數數，一、二，一、二，也可以試著緩慢的重複念一些清澈、恬淡的詞彙，像是「小橋流

水」等。你會感到越來越放輕鬆、越來越脫離，靜下來的頭腦會帶領你的全身卸下緊繃，進入放鬆的狀態。

上面這兩種穩定情緒的方式也很建議在睡前使用，能幫助你更容易入眠、睡得更加安穩且放鬆。過量的生活壓力會導致各種失眠的症狀，而失眠又會致使情緒的低潮、暴躁及使生活亂序等增加情緒壓力源，是個可怕的惡性循環，善用減壓、放鬆的活動，不僅能排解長期且過量的情緒壓力，更能提升日常生活及睡眠的品質，使你的心境時時刻刻都輕鬆又愉快。

其實天大的事情都能迎刃而解，就像有一位應邀訪美的女作家，在紐約街頭遇見一位賣花的老太太。老太太穿得相當簡陋，身體看來也很虛弱，但臉上堆滿了笑容，表情看似極為愉悅。女作家買完了花之後，說道：「你看來好快樂的樣子，笑容很燦爛。」老太太笑著回應：「世界這麼美好，為什麼會不開心呢？」女作家又說：「我想你一定很能夠處理負面情緒和承擔煩惱。」然而，老太太的答案卻讓女作家十分感佩，她說：「耶穌在星期五被釘死在十字架上時，那是全世界最黑暗、糟糕的一天，可是三天以後他就復活了，我們還以復活節慶祝。所以，當我遇到感傷和消沉時，就會等待三天，一切就恢復正常了。」人生不可能每天都是好情緒，總是會伴隨一些煩惱和挫敗，下回遇見壞情緒時，等待三天，一切也許就會雨過天晴。

記住，在經營**「我」**的時候，不要用別人的過錯來懲罰自己，也不要用自己的過錯造成更大的傷害；好情緒會使你如置身天堂，壞情緒會將你無情地打入地獄；適度的壓力能成為激發你上進的動力，過量的壓力會輕易地將你拖垮，甚至一蹶不振。蚊子和蜜蜂每天都為了生活忙碌奔波，但是蜜蜂總是能深獲好評，而蚊子卻以惡評居多，一樣都是用嘴工作，為什麼人們對牠們的觀感卻是如此天壤之別？因為，蜜蜂用嘴釀造甜美的蜂蜜，而蚊子卻用嘴吸取血液、讓人又腫又癢。努力招來好情緒吧，讓你的所有言行都有如蜂蜜般甜美可口，當個能主宰自己情緒的蜜蜂，才有辦法當個自信的**「我」**。

總之，遠離壞情緒，人生輕如絮。

Become a master of mood,
and then you will gain
the whole wonderful world.
Please Hold On !

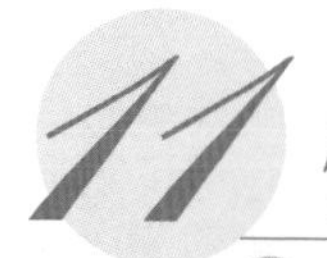

11 優質服務與抱怨

服務無所不在，無論你的身分角色是什麼，擬定的目標是什麼，都一定會產生服務關係，夫妻要服務對方父母、教師要服務學生、員工要服務上司及顧客、公司要服務社會大眾等。服務字面意義是滿足某一項任務或是任職某種社會業務，簡單說，就是「**我**」能不能把份內事務高高興興地將它完成，並讓「**我**」身旁的人能因為「**我**」的存在而得到舒適、得宜的感覺。

在現代社會上，服務的涵義越來越廣泛。21世紀可說是服務業的世代，購買商品時，售貨員除了專業解說，還要親切倒茶奉座，這就是服務；生病到醫院就診時，醫護人員除了醫術要高明外，還要提供保健相關資訊，這也是服務；就連看電影時，售票口旁邊要附設賣爆米花等食物，這更是服務。相

較於實體商品，服務是一種無形的、主觀的販賣，為的是帶來滿足感和獲得感，可做為一種有價交易，也可以是無價的增加好人緣。

服務的特性

Regan. W. J.在1963年提出服務具有無形、異質性、不可分割性和易逝性等特徵。在我們決定是否接受其服務之前，無法看到、品嚐到和觸摸到，服務更無法試用，因為它是無形的不固定式交易。我們無法確定這次的服務和上次接收到的服務是否相同，哪怕服務是由同一個人或同一團體提供，我們很難要求服務的人或團體拿出已經製作好的服務樣品於消費前觀摩，服務大都由人執行，在涉及個人因素的情況下，不同時間、不同製造者、不同消費者，也會使服務的品質產生差異。

另外，多數的商品是先製造生產，然後儲存，接著才是銷售及消費，但服務大部分卻是先銷售，然後同時進行生產和消費，顧客與服務人員雙方的角色互動更顯得重要，這種特殊的服務供應者和消費者「同時」生產的關係，正是服務的不可分割特性。

易逝性，也就是不可儲存性，是指服務不像一般有形商品，可以生產一定的數量加以儲存，服務業在面臨服務高峰時段，便不容易滿足每位顧客的需求；也可以說成：許多服務無法保存下來，挪到其它冷門時段使用。以運輸業為例，由於運輸服務是有時刻表的，座位、車次都是對應在時間上，因此一班車子開走，一架飛機起飛，上面的空座位和空機位不可能再賣出，這就是易逝性。

延長服務的記憶

對大多數服務而言，購買了服務並不等於擁有其所有權，比如到餐廳用餐時，餐廳為上門的顧客提供服務、安排座位，消費者除擁有食物外，並不意味著顧客擁有餐廳上的座位。

服務通常無法透過感官直接接觸到，比如說：消費者無法於消費前摸到、看到、聽到或是聞到「美髮業者」服務的核心價值。消費者交易前所看到的都只是服務的實體周邊設備，例如：燙髮機、沖水台、營業裝備等等，這些有形化的目的在於降低顧客的消費疑慮，同時也可以刺激顧客採取購買行動。美髮業者提供的洗、剪、燙、染等技術，和按摩、氣味、音樂等服務，加上實體的周邊設備，會形成「消費記憶」，因此，有些專家就提出「讓服務有形化」的策略，利用「紀念品」強化消費者的記憶，也可成為證明並作為展示消費經驗的證據，比如贈送顧客一個設計精美的便條紙，或印有美麗圖案的紀念筆等等。當消費者每接觸一次這份「紀念品」，就會喚起消費者美好的消費記憶，不斷地接觸與回

憶，往往會精煉有過的美好記憶，對消費者的再購意願有極大的助益。

這也像結婚時，要有一對象徵愛情的戒指和拍美美的結婚照一樣，男女雙方在談戀愛時轟轟烈烈的愛情，對男女雙方而言就是一種服務的付出，如何克服無形、異質性、不可分割性和易逝的特性，就是一趟甜蜜的蜜月旅行，地點在哪裡一點都不重要，只要兩人有共識讓開心的笑聲與愉悅的氣氛充斥這些日子，多拍些甜蜜的照片作為談戀愛時的「紀念品」，我相信在日後婚姻生活裡，會因為服務的記憶被延長而多些幸福。

朋友、同事或是家人相處也是一樣，早晨為家人作早餐是服務，幫同事的企劃書出些良好的建議是服務，朋友順道搭便車也是服務，面對這些無所不在的服務，在生日時送份貼心的禮物，節日時寫一張卡片，也算是份情感的「服務紀念品」。

什麼是優質服務？

什麼是優質服務？我認為，所謂優質服務是：

標準的服務＋超過預期的服務＝優質服務

優良的禮儀和禮貌

禮儀和禮貌其核心價值就是對他人的尊重和友好，注重禮儀、禮貌是服務工作最重要的基本功之一。

表現在外表上，就是要衣帽整潔、講究儀容、注意服飾搭配、髮型設計等，於外表形象上要給人莊重、大方和美觀的視覺感受，使外表顯得精神煥發，清爽俐落。

在語言上要講究語言藝術，可參考「雙向的溝通智慧」章節，談吐得宜，注意語氣語調，應對自然得體。

在行為方面，舉止要彬彬有禮，除了動作要輕巧外，坐、立、行都要有良好的姿態，避免做出會引起他人反感的無意識小動作。

良好的服務態度

服務態度是指對他人的情感和行為的傾向表現。良好的服務態度會使他人產生親切、熱情和真誠的感覺。具體來說，服務要做到：

1.認真負責：就是要急他人之所需，想他人之所求，無論事情大或小，都該認認真真以幫對方辦好每件事為目的，並給對方一個圓滿的結果或答覆。

2.熱情耐心：面對他人隨時要保持不急躁、不厭煩，鎮靜自如地應對並熱情以待，讓對方能深切感受到你的付出。

3.細緻周到：要善於觀察並分析他人的各項表現，懂得由對方的神態、行為發現他人的需求，正確把握體貼入微，面面俱到。

4.決不輕蔑：在服務守則中杜絕應付、搪塞、敷衍、厭

煩、推託、冷漠、傲慢和無所謂的表現。

簡單說，高品質的服務理念有八大要求要點：儀表、眼尖、微笑、嘴甜、腰軟、專業、心細、勤快，只要將這八點做齊做足了，你就能達到高品質服務了。還記得在「開拓你的永續經營之路」章節提的經營之神王永慶先生嗎？他在賣米時期脫穎而出的關鍵，就是他能給予「估計每戶人家用米速度並做好送貨到府」這樣的超值服務，讓他的客戶都能感受到他的用心，使得回購率超高。

服務能激發顧客的抱怨熱情

珍妮爾．巴特等學者在2001年時推出了一本名為《抱怨是金》的著作，書中提出顧客抱怨對企業是有益處的，而優良的服務能激發顧客抱怨的論點。

就顧客不願抱怨和投訴企業的原因，巴特等學者將其原因歸納為五個方面：

1.顧客認為企業不會負責。

2.顧客不願等待和面對造成失誤的人員。

3.顧客無法確定自身權益與企業應負的義務。

4.顧客不願為抱怨花費時間。

5.顧客擔心提出抱怨後會得到較差的服務。

服務和抱怨是並存且一體兩面的，服務的同時也可能是產生抱怨的開始，不要害怕，只要懂得如何處理。

期待服務內容的整體反應

期待	＜＜	認知	＝	感動
期待	＜	認知	＝	喜悅
期待	＝	認知	＝	滿意
期待	＞	認知	＝	不滿意
期待	＞＞	認知	＝	受害感

以上表格整理出期待值與認知的大小比例，會影響人們的感受，由感動到感覺受害，也就是說，服務的同時會有抱怨，是因為期待和認知所造成整體反應的結果。

他人的抱怨是自己的「治病良藥」

企業成功還得需要顧客的抱怨，顧客的抱怨表面上是讓服務人員不好受，但實際上卻是能敲響企業經營策略的「警惕之鐘」，改善工作存在的隱憂。為了讓顧客樂意將寶貴的意見和建議送上門來，現在有很多企業會作顧客滿意度調查。相信你一定有上餐廳用餐完後，服務人員遞上問卷請你填寫的經驗，如此，企業便能因此改善缺點，而贏得更多顧客的信賴。

在日常生活中，我們常聽說「不打不相識」，人們因為誤會或是抱怨而成為親密朋友。如此看來，善意的監視、批評，表現出他們特別的關注和關心，不滿和抱怨不就是件極

好的事嗎？對我們來說應是求之不得的樂事。

有一個女孩哭哭啼啼的對父親說：「今天我真受夠老闆的叨叨唸唸了，說我這個事情做不好，那個事情又沒做完，我要辭職了！天啊，難道這一切是我欠他的嗎？」這位當名廚的父親聽了，就帶著火冒三丈的女兒進到廚房，父親將三個鍋子裡面倒滿水、放到爐子上煮，不多久，鍋子裡的水就煮開了，他在這三個鍋子裡分別放了蘿蔔、雞蛋，最後一個加入咖啡粉。三個鍋子分別又煮了三十分鐘，這時候父親將火關熄，父親向女孩說道：「這三樣東西同樣面臨煮沸的煎熬，但它們的反應卻不相同，蘿蔔入鍋之前結實，但進入開水燒煮後變軟，生雞蛋薄弱的外殼裡是蛋液，經開水一煮，蛋殼裡的液體變硬了，而咖啡粉進入熱水後，反而改變水的顏色。」父親接著告訴女孩，不論遇到什麼難題都不要退縮，也不需要難過，不妨想一想這三種東西，在艱難和遇見逆境時，你可以選擇讓自己由硬變軟、或由軟變硬，亦或是改變本質，你可以屈服，也可以變得更堅強，甚至轉個彎改變環境。

換一個角度思考，只要我們實實在在把別人對我們的抱怨當作一份禮物，一面能明得失的鏡子，那麼就能充分利用抱怨所傳達的訊息，把自己修正到最佳狀態。

如何應對抱怨

光有良好的政策方針並不能轉變不滿情緒，積極並準確的行動才是成功關鍵。面對抱怨時，必須培養可使他人由不滿到滿意再到驚喜的能力。

1.以良好的態度面對抱怨：試著以你同事或是你老闆的角度出發來思考問題，如果可以的話，試著瞭解對方。你會發現，許多的抱怨其實是沒有必要的誤會或是觀念上的差異。因此，處理抱怨首先要有良好的態度，唯有如此，才能讓彼此都理性且氣氛良好的解決問題，但是要保持良好的態度，說起來容易做起來卻很難，不但要以對方立場思考和具有堅強的意志，還要有犧牲的精神才能迎合對方、平息對方的抱怨，有時候不免表現一下「俗辣」的樣子，這會為自己帶來不錯的平息效果喔。

2.瞭解抱怨背後隱藏的希望：應對抱怨，首先要做的是瞭解抱怨背後隱藏的希望是什麼，這樣有助於按照希望的藍圖處理，才是解決抱怨的根本。

廟裡有一座神像和一個木魚，二者在一天夜裡聊了起來。木魚抱怨著問神像說：「我們來自同一塊木頭，你卻可以受到信徒的膜拜頂禮，享受著被尊重的地位，那麼多的信徒供俸你。而我卻被放在你的前方，隨著早課晚課，讓和尚們拿著木棒不斷地敲打，痛苦死了！為什麼我們原本一樣生為木頭，後來的命運卻有這麼大的差異呢？」神像說：「當初你不願接受雕刻大師在你身上用刀斧塑形，因此大師只能把你做成一個簡單線條的木魚，而當時我深刻地知道，只有接受雕琢之苦，才會有今天的成就，所以心甘情願接受雕刻

大師的刀刻斧切。」故事到此，我們學會了「要怎麼收穫先怎麼栽」的道理，而你以為故事就這樣結束了嗎？不！

神像開始思考著木魚的抱怨，接著說：「你不用難過我們所受的待遇有天壤之別，論修行，你感受到的一定比我真切，因為早晚和尚念經時，你離和尚們最近，感受到的神蹟一定比我更深。」木魚聽完滿意的笑著說：「願意當神像或是木魚，在當時因為我們的決定而不同，我再抱怨也沒用，現在如果我再不好好承受木魚的職責，那我就枉為這廟裡的一員了。」

你發現了嗎？在第二段故事中，木魚抱怨的真正目的是害怕神像瞧不起自己。好險的是，神像也體貼地感受到了隱藏在木魚抱怨背後的希望，讓木魚抱怨過後反而意外受到鼓勵，聽懂了木魚的心聲，化解了尷尬，相信木魚往後會因此和神像有更好的合作關係。

真實生活中，令人遺憾的是許多人只聽到抱怨的表面，結果總是對不滿的情緒處理不當，白白流失了大好機會。

3.用行動讓抱怨變成驚喜：面對抱怨一定要用實際行動來解決問題，而不是口頭上給承諾。行動時，動作一定要快，這樣可以讓對方感覺到被尊重和誠意，更可以防止負面宣傳而造成重大損失。

有次我到住家附近的超市，購買了一隻香噴噴的烤雞，當全家開心的大快朵頤時，卻發現烤雞有部份未熟，此時，家人因害怕吃壞肚子，你一言我一語，抱怨的情緒節節高昇，於是我們拿了已吃到見骨的烤雞回到超市，超市經理連忙道歉並退還購買烤雞的錢，另外，還補送二千元的禮券。

這個結果，我們感到非常合意，不只是為了那禮券的價值，更滿意於超市積極處理的態度。這家超市給我們留下了非常深刻的印象，也使我們樂於向鄰居傳頌這一段佳話。由此可見，良好的處理方式不僅贏得了掌聲，而且為宣傳自己、改善自己提供了良好的機遇。

抱怨，是因為需求未能被滿足，人們總認為他們的利益受到了損害。因此，顧客抱怨之後往往會希望得到補償，即使給了對方一點補償，他們也往往會認為這是他們應該得到的，並不會因此而感激公司，但如果他們得到的補償超出了期望值，忠誠度往往會大幅度提高，並且他們也會因此到處傳頌。所以，處理抱怨時，切記要遵守「補償多一點、層次高一點」的原則。

抱怨時，別忘了改變自己

有一個老人每天坐在加油站外面向經過加油站的人打招呼，這天下午他的孫女也陪伴老人坐在加油站，此時有位陌生男子走過來問老人：「你們這個城鎮的人怎麼樣呢？」老人笑著回問他：「那你的城鎮的人們怎麼樣呢？」這位陌生男子說：「在我原本住的城市啊，鄰居很難相處，大家都喜歡批評別人，喜歡抱怨，我很高興能夠離開那裡，因為那

是一個令人不愉快的地方。」坐在搖椅上的老人，此時回答這位陌生男子說：「我們這裡的人，也和你們那裡的人差不多。」過了一會兒，又有一輛載著全家人的大卡車停下來加油，父親下車後一邊加油一邊問老人：「住在這個城鎮不錯吧！」老人接著說：「你原本住的城鎮怎麼樣啊？」父親說：「我本來住的城鎮無論走到哪裡都會有人跟我們打招呼說謝謝，每個人都願意幫助鄰居，全鎮的人都很親切。」老先生坐在椅子上，笑容可掬地回答他：「我們這裡也差不多是這樣的。」孫女抬起頭來問老人說：「爺爺為什麼告訴第一個男子說我們這裡的人很難相處，但卻告訴第二個伯伯我們這裡的人很好相處呢？」慈祥的老爺爺回答著：「不管你到甚麼地方，你都是帶著自己的態度，會抱怨的人和任何人相處都能挑剔對方，好相處的人看任何人都是可愛的，一個地方到底可怕或可愛，完全是由自己決定的。」

我們總習慣在遇到不如意的時候，不斷碎碎唸和發牢騷，總以為世界老是跟我們不對盤；無論在哪個人生階段，我們總是會聽到一些抱怨，求學時，總會聽到學生抱怨老師教得不好，考題出太難；面對團隊合作時，總會聽到有同事抱怨某某人不負責，誰的創意很差；在社會工作，總會聽到抱怨薪水不夠多，公司福利不好等。多數的時候，抱怨只是一時的發洩，其實，抱怨只會使自己的情緒更低落，於事無補；隨口說說的同時，卻已將自己的思維帶入一個死胡同裡，抱怨不但無濟於事，還會增加自己無謂的困擾。抱怨其實就是自己的心態問題，我們需要調整的是心態，用積極豁達的心態重新看待事情，這會少掉許多沒必要的煩惱。

端正儀表，不要有機會讓別人說閒話；擦亮雙眼，不要放過任何發現需求的機會；揚起笑容，給別人也給自己一個好心情；甜蜜語言，別輕易讓話語刺傷了重要的人；放軟身段，以和為貴是經過時間淬煉的處事真理；表現專業，緊握住每個不安的心情；心思細膩，預先完成別人意想不到的；手腳勤快，俐落的完成每一個目標。最後，在處理別人的抱怨的同時，也是最重要的時刻，要懂得放寬心胸，學習如何減少抱怨。

總之，擁抱抱怨，投入服務。

12 善用理財儲蓄未來

現代社會生活中，必定少不了錢財的運用，金錢的重要性從墨西哥諺語「當金錢說話時，真理都緘默了」可見一斑，而臺灣也有一句諺語是這樣說的：「錢不是萬能，但沒有錢萬萬不能」。吃需要錢、住需要錢、交通需要錢、持家需要錢、甚至連交朋友也需要錢，這些維持人類最基本需求的東西樣樣都脫離不了金錢，所以我們必須要懂得如何支配金錢，不管你訂的目標是什麼，都需要錢才會達成目的，想想，一間公司如果沒有會計部門怎麼營運得下去？經營**「我」**也是相同的道理，因此，學習理財、善於理財，讓理財成為**「我」**公司中重要且獨立的部門幾乎是首要之事。

所謂理財，就是管理自己的錢財。我們常說：「你不理財，財不理你」，收入就像是一條河流，有些人的河流寬且長、有些人的河流窄且短，但這些河流最終都會奔流向大海，去而不返，而理財，就是在流徑中途蓋一座「水庫」，好讓我們決定要存下多少以備後用，或是決定要放出多少使下游的田地得以被充足灌溉。

接下來，就讓我來幫助你建造一座營運良好的水庫吧！

在建造水庫時，我們必須有一張工程藍圖，而河流的寬度、長度、流速、地區雨量、地下水量、地形、土質等，都是畫藍圖之前必須先行丈量、計算完成的，而規劃理財的第一步也一樣，我們首先要了解的不是各式各樣的投資商品，而是要先釐清自己目前的財務狀況，例如：有多少存款、有沒有負債、每個月的固定收入、每年的總收入、目前擁有的不動產價值等，以及每個月的固定支出、預期的非固定支出、每年需繳交的稅務和保費總額等。

隨時記帳

記帳是理財的根本。想理財，最好是能天天記帳，甚至將表格放在身邊隨時記帳，這樣才不會漏掉所有的小項目。因為是最根本，所以也必須是最嚴謹的，在記帳時不要覺得四捨五入、大概就好，你必須將每筆開銷都精準計算到個位數，比如買一支二十九元的筆，在記帳時就要記二十九元，千萬不要有「差不多就三十元」的心態，因為一塊錢也是錢，假設這次多記下一元，就會有一種多出了一元能花費的心態；又或者這次多記一元，下次消費可能就會少記二元，小小的金額長期累積也會是個很大的出入。要從記帳當中體會「珍惜」的重要。

這裡分享一個香港傳奇首富李嘉誠節儉的小故事：

有一天，李嘉誠從一間酒店出來，他拿出車鑰匙的同時有一個一塊錢的硬幣也跟著被移動而掉到地上，正當李嘉誠

要彎腰去撿時，一個印度保全已經將錢撿了起來並遞給他，李嘉誠接過這一塊錢，馬上又從口袋裡拿出一百元港幣連同撿起來的一元給了這名幫他撿錢的保全人員。在旁的友人很不解，問李嘉誠為什麼要這麼做，他說：「這一百元是他為我服務的報酬，若是這一元硬幣不撿起來，很可能就此被忽略而被踩進土裡或是掉進水溝當中，這樣就浪費了，『錢是用來花的，但是絕不可以浪費』。」

相同的道理，這易被忽略的一元硬幣，就像帳面上被多記的一元錢；你記的帳若是與實際支出有所差異，那這當中可能就會造成浪費，這樣，你還覺得一元很少嗎？投資之神巴菲特會這樣告訴你：「每一塊錢都是下一個十億的開始」。

當丈量、計算完蓋水庫所需要的基本資訊時，就可以開始估計你理想中水庫的儲水量、洩洪量等等，也就是說，在你了解自己當下的經濟狀況之後，就可以開始規劃你的金錢運用了，比如說要拿收入的多少比例作為日常花用、多少比例作為風險投資、多少比例作為保險存款……。

一般來說，我們對於金錢的計算方式都為：「收入－支出＝存款」，但是真正會理財的人都不是這樣計算的，比如台灣首富郭台銘先生和知名詞曲創作人馬兆駿的妻子郭美珒女士，郭台銘的經營哲學是「售價－利潤＝成本」，將這個公式代換成生活收支的模式就變成：「收入－存款＝支出」，也就是說，我們不應該是把花剩下的錢拿來存，反而應該事先預計要存下多少錢，然後用收入減去存款，差額才是支出的部分。

如果覺得首富的例子太遙遠的話，那麼面對丈夫驟逝、揹起債務及扶養三個年幼孩子的郭美瑋的例子就更值得參考了。馬兆駿過世後，不僅留下六十萬元的信貸要繳，還有三個分別為七歲、六歲及三個月大的孩子，當時的郭美瑋並沒有任何工作，每天睜眼就必須面對這些債務及維持一家四口的基本生活，面對這樣的艱困，郭美瑋只用了一年左右的時間就還清債務，而兩年之後，她還有能力帶著孩子去東京迪士尼樂園圓夢，是什麼讓她如此快速地重新振作？郭美瑋說：「在馬爺過世之後，向來沒有金錢概念的我，開始重新計算家庭的支出，並且也強迫自己養成『收入要先減掉儲蓄，剩下的才是支出』這樣的理財習慣。」

上面二則事例均在說明強迫儲蓄對於理財的重要，如果總是等到花剩的才拿來存款，那一定累積不了多少財富。有些人會覺得：「月光光的生活輕鬆自在，只要不負債，又何必要省吃儉用去存錢？」這個觀念其實有兩個對於良好理財很致命的錯誤，一是「不存錢」，二是「為存錢而省吃儉用」。

存款，或者說是儲蓄，是件很重要的事，它不是只有表面上看到的彰顯個人財富的功能，它更是一張堅不可摧的盾牌，我認為儲蓄的最大用途不是等待未來滿足更大的物質需求，而是未雨綢繆未來任何的不時之需，像是為突然產生的

醫療費用做準備，或是為老年舒適的生活做打算。

而為了要擁有一筆儲蓄，你不必因此大大萎縮了你的生活機能或品味，有一些作法其實是可以讓你同時兼顧儲蓄與生活品質的：第一是確實區分「需要」和「想要」，花該花的，不在刀口上的則不要花，若在月底結算時，發現支出還有餘額可用，再拿這筆錢來好好犒賞自己，因為已經先用收入減去儲蓄了，所以剩下的可支出費用不需貪心得想要存更多，適度地給予自己這一個月的努力獎賞是必需的；第二是善用團購或暢貨商家（outlet）購物，只要多花一點時間，就可以找到網路上有許多開團的機會，也可以選擇自己開團，團購不只能拿到較低價位的等值商品，還能獲得滿額贈品的機會；而暢貨商家也是一個很棒的選擇，通常我們沒有必要走在流行的最前端，商品不會因為過季而失去該品牌的品味，所以選擇在暢貨商家購買衣物、鞋子等可以省下約一半的花費；第三是集中購買，將日常生活的支出在固定幾個商家購買，有些店家會有會員折扣制度、消費集點或累積消費金額換購等，而小店家則可以透過經營長期的關係，像是與老闆友好而獲得較低的價位。

要馬上清楚這些林林總總的數字，最快速且方便的做法就是——填表格記帳，坊間有不少專為記帳用的理財帳本，但需花費不少心力去找到適合自己的，因此，你也可以像我一樣，自己用word和A4單面回收紙，簡單做幾張像這樣的表格：

2011年7月份支出

日期	固定支出明細	金額	結餘
	本月可用支出		50000
	管理費	3500	46500
	電話費	2000	44500
	車貸	10000	34500

日期	日常支出明細	金額	結餘
	雞蛋	63	34437
	牛奶	149	34288

2011年7月份收入

項目	金額	項目	金額	項目	金額
薪資	70000	投資獲利	2500	其他收入	7500

2011年7月份總結算

月份收入總合計	月份存款總合計	月份支出總合計	月份總結餘
80000	30000	48068	1932

如此一來，你便能很清楚知道什麼東西是因「需要」而花，什麼東西是因為「想要」才花的，蘇格拉底曾說過：「沒有經過反省的人生，是不值得活的人生」，而這樣的記帳表，就是拿來反省的最佳工具。除此之外，你也能將明天或下個月會花費的金錢或項目先寫下來，這樣不只能幫助你

計算可能的開支，也有備忘錄的功能，才不會因為一時疏忽而忘記繳交房租或信用卡、電話帳單等等。

再看表格最下部分，將「收入總合－存款總合－支出總合」就會等於「月份總結餘1,932」，而這1,932元將是拿來小小犒賞自己一下這個月的精打細算，不必貪心的硬要將它多存起來，因為這樣「沒有溫暖」的儲蓄是不會持久的。「當省則省，當用則用」，努力記帳、努力精算，也別忘了適時給自己一些鼓勵。

強迫儲蓄

這裡我推薦幾個個人覺得不錯的強迫儲蓄方案給各位：

1.黃金：黃金是少數人類較早發現、利用而沿用至今的金屬，因產量稀少及特殊，自古就被視為五金之首，又稱為「金屬之王」。因為具有高度的抗腐蝕、抗變色、耐高溫、不易氧化、易導電及導熱等性質，因而備受各界期待，由於這些特性，黃金從千年以前就具備了貨幣及商品的價值。

金價跟世界上任何一種貨幣都相同，在經濟地位及價值上都會產生波動，雖然從2001年到今日，這十年來黃金價格的確是增值不少，甚至翻了五倍，並屢創歷史新高，但黃金在經濟上最重要的用途是「保值」。雖然黃金在現代基本上已經不作為直接購物的支付工具，但是黃金卻比任何紙幣更具有流通便利及儲藏價值，因為世界各國仍以黃金保證國家經濟、貨幣價值和國防安全的穩定，這些無法替代性，使得持有黃金讓你在面臨重大危難時，財產依然能一定程度的保有，而且購買黃金可大可小，下次在想買一件可有可無的衣服時多想幾分鐘，省下來就可換買千元左右的小單位黃金，而多次的不衝動就能累積存下一筆錢財了。

2.儲蓄險：儲蓄險是一種兼具儲蓄與保險功能的金融商品，雖然因為具有負擔人身安全的功能而使得獲利率降低，但因為需要定期投入一定數量的金額，且保險期限內無法提領，因而能展現較強的強迫儲蓄能力。儲蓄險與其他保險相同，在你越年輕、生命風險越低時，能以較低的價位買到較好的利益，而且儲蓄險有很多不同的金額及儲蓄年份可以自由選擇，因此，很建議青少年或是初出社會的人購買。

從小學會理財

學習理財可以靠方法，但培養理財的觀念與用錢的概念卻不是一蹴可幾。大部分人第一次真正自己理財都是進入大學、或是進入社會之後，但事實上這些時間點都稍嫌過晚，這時候才靠自己跌跌撞撞累積經驗，可能必須建築在一屁股債或是龐大的社會成本之上。

學習理財最好是從小貫徹的培育，這時候不僅有父母做為後盾可以諮詢，當做出錯誤判斷時也會有人適時幫孩子踩下煞車。常聽名嘴在電視節目上談到很多家境比較富裕的人

會把小孩「丟」去國外，讓他們從小刻苦、體會生活的辛勞及學習珍惜物質的精神，但不是所有人都有機會被「流放」的，以下有幾個方法可以提供給家長，讓孩子在平常生活當中就能充分學習如何獨立理財。

1.定額的零用錢：我在各地演講的時候發現，很多家長都沒有給孩子固定的零用錢，而是需要花用時再向父母領取，理由常是怕孩子亂花錢、防止把錢搞丟等等，也覺得這樣做不僅可以過濾孩子的生活內容，亦希望孩子養成有事會向父母提起的習慣。但其實像這種「孩子當伸手牌、父母當有求必應的神」的理財模式很容易造成金錢管理不當的後果，孩子現在不敢亂花錢，那以後就一定會亂花錢，一不小心就栽培出一個個月光族和卡債族。

要破解這樣的模式其實很簡單，只要讓孩子擁有定額的零用錢，讓他們握有金錢的主導能力就行了。像我自己，在每個月月初以「薪水」的名義發給小孩零用錢，家庭只幫他們支付學費、學雜費等較龐大且責任的費用，而其他舉凡文具用品、吃飯、交通、衣服、飾品、看電影娛樂、手機費、看醫生的掛號費、甚至是學校額外的講義費用等，他們都必須要從自己的薪水裡面支出，因為金額是固定的，所以孩子必須自行決定什麼是該花的、什麼是可以花的，也必須自己計算該預留多少錢以備下個月開學時可能出現較多的書籍費等。剛開始實行「薪水制度」的幾個月可能會有點困難，也會面臨零用錢該給多少的猶豫，我建議先跟孩子一起試算一個月內個人及家庭大約會有的開銷之後，給一個剛好的數字，兩個月後再視情況調整並多加五百至一千元，調整過後這筆固定零用錢的金額就不要再挪動了，直到孩子進入下一個人生階段，例如從國中升上高中。

固定零用錢的作法其實也能讓父母當得更輕鬆，親子之間的關係更加和諧，因為孩子的零用錢基本上已經和家庭分割了，所以當他問你這個可不可以買、那個可不可以也買的時候，你不會因為顧慮到這個月的菜錢會因此而短少，也不會因為不讓孩子買而令他失望，你能站在一個分析顧問、一個旁觀者的立場，向他評斷這個東西的優劣、用途、價位合不合理等，提醒他是否有更重要的事情需要花到錢，會不會因為買了這些東西而造成拮据？至於要不要買，最後由孩子自己下判斷，後果他便會自己負責，如此一來，也不會讓孩子變得「呷米不知米價」。

2.獎勵儲蓄、共同理財：前面提到調整後的零用錢要再額外加上五百至一千的用意，就是要帶領孩子一起規劃儲蓄，給他們一筆定額的零用錢不是要讓他們懂得怎麼剛好花光光，更重要的是培養儲蓄的好習慣。我聽過很多理財專家演講，對這些專家而言，理財的第一步都是由儲蓄開始，儲蓄從平常做起，他們會將每天包包裡的零錢放進撲滿，永遠不帶零錢出門。日復一日，幾年後檢視存錢筒，也會是一筆可運用的救急錢。我也有一個朋友，他投進撲滿裡的是單一五十元的銅板，小小兩枚就值一百元，再存個幾年就是一

部機車的錢。

這樣的理財習慣可以從小培養，除了鼓勵孩子將身上的零錢存進撲滿之外，最好可以幫孩子開一個銀行或郵局帳戶，讓他能深刻感受到儲蓄金額增加的樂趣。此外，若孩子年紀大一點了，也能讓孩子用自己的零用錢跟著你買同一支基金、同一家儲蓄險等等，透過討論彼此對於時勢的觀察，讓孩子慢慢接觸外在的金融世界，但前提是，孩子必須是完全自願的，而非父母強迫跟進的。

3.鼓勵開源：若是覺得股票、基金等投資有一定風險，家長沒有相關理財的研究或是孩子不願意接觸，那麼可以轉而鼓勵孩子開源，像是努力爭取學業獎學金、才藝獎學金等等。我的孩子就一直為將學業獎學金從非固定收入轉為固定收入而努力念書；而除了課業以外，還有許多才藝方面的比賽是有獎金可以領取的，也可以鼓勵孩子參加，增加第二專長外還能增加財富，是個一舉兩得的好辦法。此外，家長可以和孩子一起訂目標，每完成一個小目標就給予適度的獎勵金，這樣的方法不僅可以讓孩子練習理財與儲蓄，更能訓練孩子訂定目標以及完成目標。

如果從未有人教你理財，或者你從未好好理過財，那麼別擔心，理財是無論何時開始永遠也不嫌晚的，因為今天的你一定比明天的你還要年輕。許多人常說「要是幾年前我……，現在就……」這類的話，但仔細想想，今天不就是幾年後你所說的那個「當初」嗎？我們應該趁著年輕為**「我」**好好的學習理財，不要想著現在會不會太晚了、來不及了。王永慶為了要看懂外國分公司的報告，六十歲以後才開始學習英文，早已過了語言學習黃金期的他，後來甚至能用英文開記者會，比起九十二歲時離開人世的他，六十歲簡直就是年輕力壯的時期，所以你的理財計劃就從今天開始吧，免得五年、十年之後又發出一樣的嘆息。

總之，隨時理財，財富就來。

13 規劃時間有效管理

「時間就是金錢」，這是一句大家朗朗上口的激勵話語，但我認為時間的重要性不僅於此。發明「時間管理法」的著名俄羅斯昆蟲學家柳比歇夫（Lyubishchev）說過：「人最寶貴的是生命，但仔細分析一下，最寶貴的應該是時間，因為生命是由時間構成的。」所以，我們能明顯見到時間的價值是遠遠高過於金錢的。

我們總是非常重視生命，但往往忽略了浪費時間對生命造成的衝擊與傷害。根據日本一份統計數據，人們每隔「8分鐘」會受到一次打擾，每小時大約會有「7次」，換算成每天則是「50-60次」；而平均每次的打擾大約是「5分鐘」，一天平均約「4個小時」，而這些打擾當中有50%-80%是沒有意義或價值性低的（也可以稱這些為「干擾」）。此外，當人被打擾之後，要重新使思路達到原來的效率平均需要花費「3分鐘」，也就是我們每天最少花費「2.5個小時」在思路復原的低效率階段，將這些數據相加之後可以發現：我們每天因為干擾而損失的時間最低為「5.5個小時」。

若說成功的定義等於目標的完成，那麼時間管理的目的就是要讓你在最短的時間內帶領**「我」**實現更多**「我」**期望要達成的目標。每個人每天所擁有的時間都是一樣長的，因此時間管理的過程不在於時間的量，而是如何妥善利用及分配自己的時間，說穿了，時間管理其實就是自我管理。我們的時間常常浪費在沒有條理、沒有秩序的活動行程上，像是缺乏計畫、抓不住重點、拖拉懶惰、一心多用等，經過這一章節的學習及嚴謹執行之後，你將能用更少的時間完成更多且更有品質的事情。

規劃行程表

人人都有惰性，通常，你有多少時間可以完成工作，那份工作就會自動變成需要這麼多的時間，所以規劃行程表，羅列每一天要完成的事情是個當務之急。在規劃行程表時，不只要列出工作項目，也要記得附上預計完成的時間，因為一旦有了時間限制的壓力，才會容易維持住工作的效率，工作時較容易專注，工作品質也會更好。

在為待辦事務安排行程表時，我們可以將所有事情畫進兩個維度，四個象限之內，也就是藉著判斷事件的「緊急與否」及「重要與否」來安排時間：

1.重要且緊急的事情（一），優先完成。

2.重要但不緊急的事情（二），次先完成。

3.不重要卻緊急的事情（四），學習暫緩。

4.不重要又不緊急的事情（三），屏棄一旁。

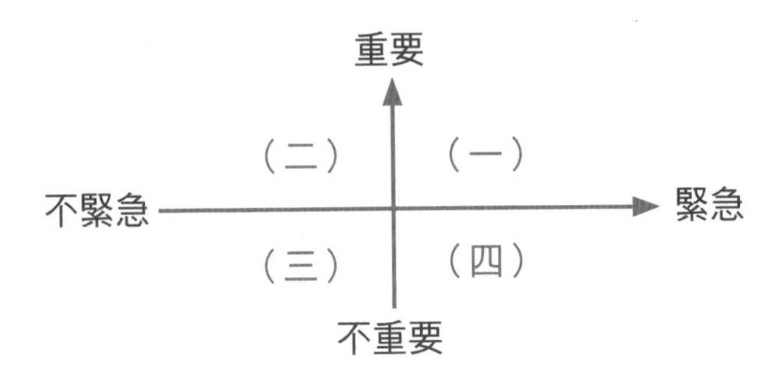

優先完成、次先完成的意思並不是指早上起床之後應該要先完成，而是要搭配個人的生理時鐘，找出效率的高低週期來搭配排定。下面我整理一張圖，可以幫助你了解什麼是重要且緊急、重要但不緊急、不重要但緊急、不重要又不緊急的事務，以及它們應該搭配的作業時間及建議。

多數人總是花最多的時間在處理重要且緊急的事情，因而忙到焦頭爛額，但其實第一象限及第二象限是互通的，第二象限的擴大會使第一象限內的事務銳減，換句話說，即是提早把所有重要的事情規劃好，並且按部就班完成，那麼重要且迫切需要完成的事情就幾乎不會發生了，例如上面提到的期末考，若是能提早準備就不用臨時抱佛腳、當初報表有多一點時間仔細完成就不會被退回限期修改。

一天當中，因為生理時鐘的關係，我們大約會有兩次精神及效率高鋒，時間因生活習慣及個體差異而不同，至於我們要怎麼找出一天當中最有工作效率的時段，可試著用以下「記錄、統計、分析」的方式找出來。

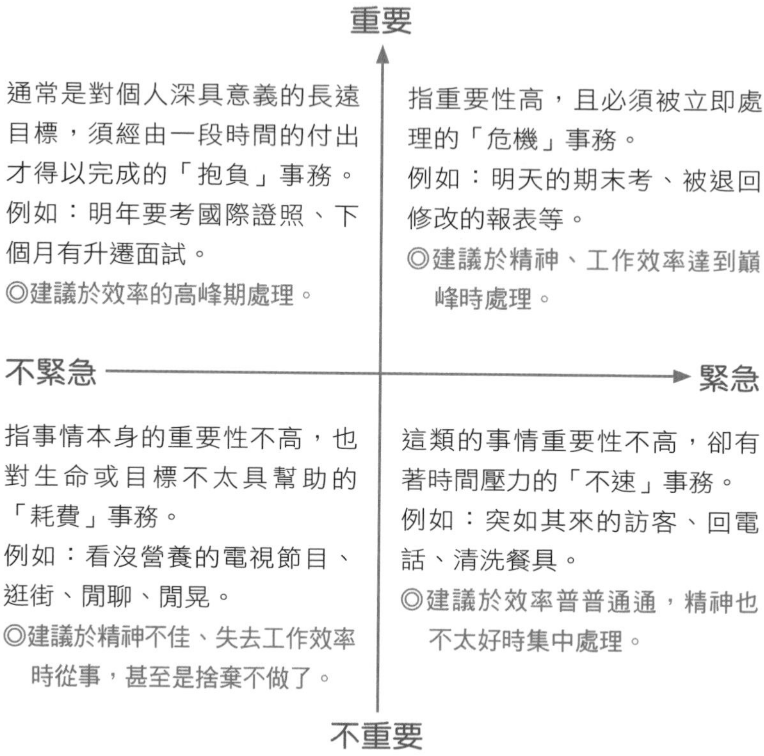

重要

通常是對個人深具意義的長遠目標，須經由一段時間的付出才得以完成的「抱負」事務。
例如：明年要考國際證照、下個月有升遷面試。
◎建議於效率的高峰期處理。

指重要性高，且必須被立即處理的「危機」事務。
例如：明天的期末考、被退回修改的報表等。
◎建議於精神、工作效率達到巔峰時處理。

不緊急 → 緊急

指事情本身的重要性不高，也對生命或目標不太具幫助的「耗費」事務。
例如：看沒營養的電視節目、逛街、閒聊、閒晃。
◎建議於精神不佳、失去工作效率時從事，甚至是捨棄不做了。

這類的事情重要性不高，卻有著時間壓力的「不速」事務。
例如：突如其來的訪客、回電話、清洗餐具。
◎建議於效率普普通通，精神也不太好時集中處理。

不重要

記錄

記錄指的是觀察並記下你一整天的工作或是效率情形，我個人試用各種方法之後發現「史丹福睏睡度節奏量表（Stanford Sleepiness Scale）」搭配「隨手筆記」的記錄方法最為清楚明瞭。史丹福睏睡度節奏的測量是從早上清醒開始，每隔一個小時進行一次睏睡度記錄，每次記錄時暫時放

下手邊工作、閉眼一分鐘，張眼後選出下列最能描述你當時狀態的數字，數字越高代表越睏睡，精神及效率越低，最後一次記錄是夜晚睡前。

史丹福睏睡度	
1	覺得自己處在巔峰，很有活力、很警覺、很清醒。
2	活動的程度雖然不如在巔峰，但仍保持在很好的水準、能集中注意力。
3	很放鬆，雖然醒著但並不完全警覺、反應稍慢。
4	有一點模糊，想躺下來。
5	意識模糊，開始覺得無法集中注意力，難以保持清醒。
6	想睡，想躺下來，感覺意識不清。
7	感到意識迷濛，不能保持清醒，似乎下一秒就會睡著了。
8	睡著了。

我這裡做了一個簡短範本：

時間	睏睡度	備註
8:00	4	8:10刷牙洗臉花了6分鐘，8:19吃早餐花了20分鐘。
9:00	2	整理辦公桌花了10分鐘、收電子信件花了50分鐘。
10:00	1	準備開會用資料的時候很振奮，大約花了40分鐘！
11:00	1	

在做這些記錄時，一定要維持記錄的真實性及準確性。真實是指記錄要當場做，而不是依靠事後的記憶大略補寫；準確性指的是記錄時間的誤差，誤差最小要在10-15分鐘內，否則會讓你辛辛苦苦寫下的記錄失去使用價值。

統計

像上面這樣的記錄表建議多做幾天，然後再使用平均數字來畫成一個折線圖，如此一來，數據就比較不容易有偏差。從圖表的走勢你會發現自己在清醒時段的效率高峰及較睏睡的時間點，藉此幫助你釐清該如何規劃自己的行程。如下：

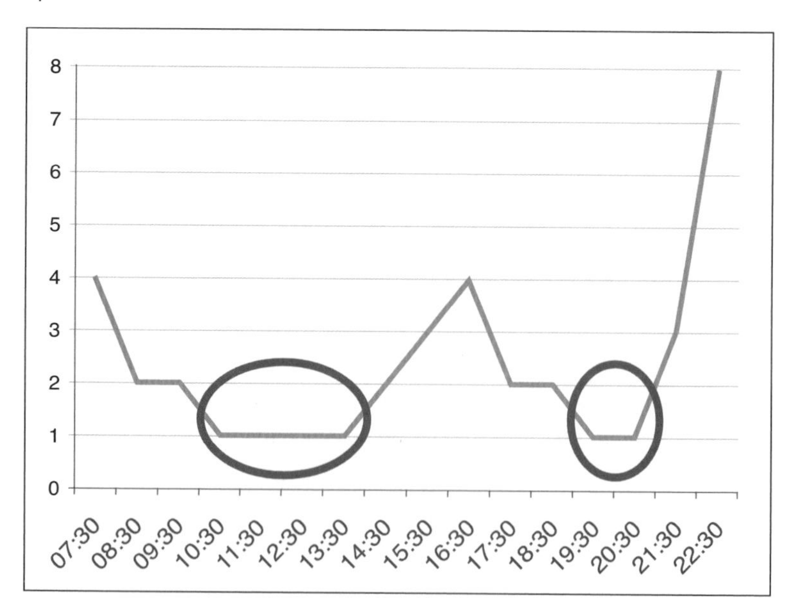

以上圖為例，每日上午11：30至13：30是第一波清醒高峰，而第二波則是出現在20：30左右。

分析

在了解你自己的效率高峰之後，就可以開始排定行程表了。把第一象限（重要且緊急）內的事務排在效率最高峰處，接著是重要但不緊急的事情，然後才是不重要但緊急。

排定行程後，一定要馬上記錄下來，依照你的習慣使用紙筆、電腦、PDA、手機都可以，但絕對不要只依靠記憶，記憶是一種很容易發生混淆而我們卻不自知的東西，況且也不要浪費腦力去記這些瑣碎的事情，你應該將注意力放在重要的事情上才對。

不要認為「幹嘛要花時間在做排行程這件事情，倒不如通通拿去處理事情或許還比較快！」，這其實是非常錯誤的觀念。位於國立臺灣大學椰林大道上的「傅鐘」，每次敲響21下，這鐘是為了紀念已故前臺大校長傅斯年所鑄造，他認為：「一天只有21個小時，剩下來的3個小時是用來沉思的。」可見思考的重要性。

想要把事情做好、做對，就必須先花時間來思考，很多事情一旦決定了、一旦執行了就無法再回頭，或者你又必須耗費更多時間及精力進行修改及調整。若是真正想要節省時間，那麼就得遵守「第一次就搞定」的原則，我們寧可事前多花一些時間去仔細思考與安排，想清楚之後再快速動手執行。

「做好事情」比「把事情做好」更重要許多，所謂「做好事情」是指做的事情有出現成效，而「把事情做好」則僅止於達到效率，好壞不再計算之內。若能藉由前面所教的方法，事先做好最適當的安排，那麼便能輕鬆做到「有效率的做出成效」。

拾回時間

除了安排好所有行程及預定完成時間之外，我們也要用一些小技巧避免時間從指縫間溜走。一個人的工作環境若亂七八糟，他每天平均要花掉1.5小時為了找尋需要用的東西，每週就因為這樣而花上7.5小時了。

因此，建議你在工作之前先把辦公桌清理乾淨，並事先把需要用到的東西都準備好，就如同你在電視中常會看到的，在餐廳或飯店的廚房裡，廚師必定會在烹調之前把接下來需要用的工具及食材依照使用順序整齊擺放好，以便能快速且正確地完成每一道料理，若你在工作時也能使用這樣的方法，手上的工作及思緒就不會因為找東西而中斷。

此外，我們之所以覺得時間受到壓縮、分割，主要原因是出在不可避免的干擾上，總是會出現一些緊急事情要處理，讓可以自由支配的時間少之又少，因此，當你在規劃一天的行程時，建議把相同性質的事情排在一起，像是會用到

相同工具的工作，以及集中在某個時段回信、回電話、簡訊等，把零碎的工作都掃在一起進行。例如：開啟手機及簡訊自動回覆功能，回覆對方你將會在幾點時回應，這樣你就不用一直守著手機，對方也不會覺得你沒效率、沒在工作，而這類型的普通回覆工作，便可以安排在效率普通、不太有精神的時候，才不會浪費了你珍貴的效率時間，因為，你總是有更重要的事情要做。

利用瑣碎時間

有個國小老師在一次生涯規劃課時帶了一個玻璃杯進到教室，他先將鵝卵石倒了進去，然後問他的學生：「老師手上的這個杯子是不是裝滿了啊？」「是。」學生們很有朝氣的回答；接著，老師拿出一袋碎石子倒進杯子裡，又問：「老師手上的這個杯子是不是裝滿了啊？」學生們一片沉默；然後，老師又拿出了一包沙子倒進杯子，再問：「老師手上的這個杯子是不是裝滿了啊？」這時，全班依舊沉默，只有一個同學遲疑地發出微弱的聲音：「好像……滿了。」最後，老師從桌子底下拿出一瓶水，把水倒進這個似乎滿了的杯子裡。

是的，無論你看起來有多忙，行程有多滿，還是會空出許多「畸零」時間的。然而，除了這點，故事其實還隱藏著一個小秘訣……，如果一開始是倒進水，其他就什麼也裝不下了。

我們必須像故事一樣，先放進首要的事務（鵝卵石），再依據評估加進次要與更次要的，才能有效的裝進所有事務並把時間「確實」塞滿。曾聽過一句有趣的話：「時間就像乳溝一樣，擠一擠還是有的！」很引人發笑，因為很真實，我們應該善用起床、午休、等電話、等車及搭車的空檔時間，處理一些簡單且快速的事情，像是調整行程表、聯繫或是事前準備工作等，讓你能集中火力於更重要的事情。

再講一個和尚的故事，讓你知道利用瑣碎時間累積起來的成就可以多驚人：

有兩個和尚分別住在兩座相鄰山上的廟裡，這兩座山中間有一條小溪流過，每天清晨這兩位和尚都會同時下山到溪邊挑水喝，日子一久，他倆成了好朋友。就這樣，每天挑水的日子一轉眼過了五年，突然有一天，住在東邊山中的和尚沒有下山來挑水，西邊山中的和尚心想：「可能臨時有事耽擱了。」挑完水後便不當一回事的回到山中。誰知道，第二天、第三天……，一星期都過去了，住東邊的和尚依然沒有出現，兩星期後，西邊的和尚終於受不了了，他心想：「我的老朋友會不會是生病了？我得過去拜訪他，或許他需要幫忙。」於是，他便簡單的收拾行囊，出發前往東方的山。

等他到了位在東方山上的廟時，驚訝的發現這許久未見的老朋友竟然悠閒的打著太極拳，氣色之紅潤完全不像兩個星期沒喝過水的人，他好奇的問：「這些時間你都沒再下

山挑水，難道你都不用喝水了嗎？」東邊山上的和尚說：「呵，跟我來，我帶你去看一樣東西。」於是，他們兩個人走到了廟的後方，東邊山上的和尚指著一口井說：「這五年來，我每天做完功課後就會來挖這口井，就算有時候比較忙，能挖多少算多少。兩個星期前，終於被我挖出了井水來，這下，我就有更多的時間練習我最愛的太極拳了。」

時間的累積

旅遊生活頻道「瘋台灣」節目主詞人謝怡芬（Janet），在美國長大的她，因為從小家人和自己都很愛玩、很愛旅行，也將錢和時間都花在旅行上面，因此她比別人更會玩、更懂得旅行，所以在她回臺灣之後，便馬上獲得了展現旅遊經驗的機會，勝任主持人的工作；眾所皆知的發明大王愛迪生，他花了大部分的時間和精力在實驗室當中，因此他名下擁有超過1500項專利，其中留聲機、攝影機、鎢絲燈泡等發明，更是扭轉了世人的生活型態及人類文明。

時間在累積的過程是漫長且不易察覺的，成果常需要五年、十年之後才比較容易顯現出來，就像炭跟鑽石的對話：

烏黑且易碎的炭對著璀璨且堅硬的鑽石說：「我們都一樣是由碳原子所組成，為什麼我是又黑又廉價的炭，而你卻是人人渴望的高貴鑽石？」，鑽石回答：「若你當初不急於離開地裡，參與這遼闊的世界，那麼在忍受過千萬年高溫與高壓後，也能和我一樣晉升為價值不菲的鑽石啊！」由此可見，經營同樣一件事情，付出的努力越多、花費的時間越長，就越能有收穫。

你把時間花在什麼上面，你就會收穫到什麼，或許當下的你只看到付出的過程，看不到努力的結果，但這就像你守在盆栽前許久，卻看不到花開一樣，經過漫漫的一夜，在你隔天睡醒之時，美麗的花才嬌嫩的綻放在你的眼前。

有一位雄心壯志的國王，想要尋找一套可流芳萬世的真理，於是，群臣邀約專家學者反覆探討、集思廣益、翻閱資料，耗費了整整一年的時間，集結成十冊典籍呈現給國王，國王看到厚厚的十本書，翻也不翻開，皺著眉頭告訴大臣們：「這麼厚重的書本，我都不想看了，更何況老百姓呢？他們如果不看，又何來放諸四海？」這些挫敗的臣子只好又重新研究、整理，兩年時間又過了，這次呈上來的是一本厚重的「成功寶典」，國王看了幾頁就顯得不耐煩，他還是覺得篇幅太多，因此這些奉命寫書的學者，最後花了三年的時間呈上一張紙，他們告訴國王：「經過這六年的研究，加上數千人的整合，千錘百鍊後獲得這個不變的真理。」國王高興又期待地屏住氣息，慎重地攤開手上的紙張，只見上面寫著：「天下沒有白吃的午餐」。

天下如果沒有白吃的午餐，那就表示凡事都要付出，付出體力、物力和時間，這位國王想用最簡潔的篇幅、最短的時間就讓大家獲得真理是不可能的，國王的無理取鬧，再加

上群臣及學者們花了六年的時間，才悟出「天下沒有白吃的午餐」這幾個字。

時間是這個世界上最公平的一件事，每個人每天都同樣擁有二十四個小時，那些億萬富翁，他們擁有的時間跟你一樣，但是產值卻不同，你選擇將時間放在哪裡，就會擁有什麼樣的結果。

你知道我們的一生有多長嗎？姑且不論生命的長短如何，一生中最重要的日子其實只有三天——昨天、今天和明天。時光的流逝、青春的飛逝，都奇快無比，從昨天到今天、從今天再到明天，都像呼吸一樣，不被注意卻一直進行著。我們常常感嘆歲月不饒人、時光不復返，但卻總是輕易原諒浪費時間的自己。年老的人都會記得自己曾經年輕過，然而，年輕的人卻常常忽略自己也有年老的一天。

治好這種失憶症吧！我們必須珍惜每分每秒的光陰，努力充實**「我」**、創造**「我」**，若能把握住今天，那麼每一個昨天都會是一場歡樂、滿足的夢境，每一個明天也將是充滿希望曙光、充滿活力及夢想的彩色畫布。

總之，珍惜時間，創造無限。

珍惜時間
創造無限

14 成為擁有多把刷子的人才

20世紀首富，鋼鐵大王卡內基曾經說過：「拿走我全部的財產，但把人才留給我，幾年之後我又會是一個鋼鐵大王。」他深知人才是企業最大的資產，因此他走向了事業的巔峰。而在百年之後的21世紀，人才在成功企業的推崇之下，更成為大小企業相互爭奪的寶物，人才儼然已成為企業是否具競爭力且不會被淘汰最重要的一環。

美國第一任總統喬治華盛頓認為：「我們無法確保成功，但必須先擁有成功的資格。」想要有收穫，我們必先付出；想在這個充滿競爭的社會環境裡生存，不想被忽略、不想被輕視、不想被淘汰的話，將**「我」**打造成人才便是最重要也是最緊急的事情，嘗試著讓自己成為一匹伯樂們不用刻意找尋就能脫穎而出的非凡千里馬吧！

擁有人才是21世紀最重要的競爭力，所有的企業都在提倡重視人才、培養人才、留住人才，因此，活在這個世紀的**「我」**，如果不是人才，又怎麼可能冒出頭呢！「十年樹木，百年樹人」，人要成才是一個漫長且艱辛的過程，在這個過程中，「人」的價值需要逐步的累積、被發掘、被體現，最後才會被認定為「才」；也就是說，若這三項少了任何一項，我們就沒有機會被稱作人才。接下來，我們先來了解一下到底什麼是人才？如此，才知道自己該累積什麼樣的價值。

人才的條件

對企業而言，人才是具有良好職業素養、精良工作技能，並能認同公司的價值觀，持續為企業創造價值的人。例如，一個保險業務員能夠守本分，努力不懈的提高工作業積及辦事效率，為客戶規劃完善、體貼的保單又不損及公司營利，便是人才；一位清潔人員能夠克盡職責，將環境清得舒服乾淨，讓人乍看清爽，細看也挑不出毛病，就是人才。

換成對家庭、對朋友而言也是一樣的，人才要有良好的人格素養、適當的技能，對家庭及朋友圈的集體價值觀能夠認同。例如，身為家庭的一員，要主動將家裡的大小事務打點妥當，讓在外尚未歸來的孩子或父母能夠有個乾淨的家，並能感受到家庭給予的溫暖，懂得控制家庭的開支，會儲蓄及嘗試投資等，便是人才；身為一個朋友，要能提供對方心靈上的支持，物質上的交換，資訊的流通，給予幫助、關懷與意見，不造成別人的壓迫及困擾，便是人才。

有兩個朋友同時應徵進入了某超市工作。一開始，大家都從基層做起，但不久之後，其中一位獲得了總經理的青睞，不斷的升職、調薪，一直做到了門市經理；而另一人則

像被遺忘一般，還在基層默默做著。終於有一天，這個被遺忘的人忍無可忍跑去找總經理理論，摔了辭呈，還痛斥總經理只會重用拍馬屁的人，像他這樣辛勤工作的人卻沒有被提拔。總經理心裡其實也很清楚這位年輕人肯吃苦，工作也很勤勞有效率，但似乎缺少了某些東西。到底還缺什麼呢？其實也不容易說得清楚，於是，總經理就跟這個年輕人說：「你現在馬上到集中市場去，看看今天市場賣什麼。」年輕人快去快回，說：「集中市場裡只有一個農夫拉了一車洋蔥在賣。」「一車大約有幾袋呢？」總經理問，年輕人又跑去，回來後說一車有四十袋。「那一袋又要多少錢呢？」氣喘吁吁的年輕人只好又跑去，待他回來之後，總經理對著他說：「你在這裡休息一下吧，看看你的朋友是怎麼做的！」說完，總經理叫來他的朋友，並一樣的告訴他：「你現在馬上到集中市場上，看看今天市場賣什麼？」不久之後這位朋友回來了，說市場裡只有一位賣洋蔥的農夫，一共有四十袋，品質不錯，價格又適中，他帶回了幾顆洋蔥給總經理看，並且建議：「這位農夫說他待會兒還會帶一些蒜頭來賣，價格也還算公道，或許我們超市可以進一些貨。」他還帶了幾顆蒜頭樣本回來給總經理過目，連農夫也被帶到超市外面等著總經理回話。此時，總經理看了一旁原本氣呼呼，現在卻羞紅了臉的年輕人一眼說：「這就是你朋友能夠獲得晉升的原因了。」

想成為人才，我們還缺少什麼條件呢？每個行業的需求其實都不一樣，還記得前面談到的「掌握機會展現核心競爭力」和「創造優勢的五力分析」嗎，利用這些公式找出符合你的行業須具備的適當條件，然後就快點開始培養吧！

人才的養成

人才並非天生，而是在不斷的學習與實踐中成長茁壯的，被稱為音樂神童的莫札特，若父親不讓他碰鋼琴、碰音樂，他便不會有後來的音樂成就；立體畫派創始者之一的畢卡索，若他沒有一位有繪畫才能的父親，若他沒有一心一意專注在藝術上，他就不會成為20世紀藝術史上最重要的人物之一。

除了掌握個人天賦、勤奮學習與把握實踐的機會外，再加上下面的特質，相信你離成為人才的成功之路就不遠了。

關注行業發展

想要成為人才，我們不能再只關注於自己，更該注意伯樂們的期待及隨時更新相關行業的發展。比如甲乙兩人同時參加外貿公司德文口譯人員的招聘，在面試時，甲的德文對答如流，口齒也很清晰；乙的德文也不差，但在面試時，乙不僅用德文回答了主管們的問題，並且還用德文介紹自己對於這間外貿公司的了解、相關產業的發展及全球景氣的趨勢。假若你是這間外貿公司的人事部門主管，你會任用哪一

位呢？想當然爾，答案是「乙」，因為乙不僅具備了這個職位該有的基本技能，更能清楚知道公司的價值與定位，在這樣的比較之下，乙明顯是較適合的人才，而甲的能力雖然很好，卻遭到淘汰。

不僅對事業是如此，面對家人以及朋友也是一樣的道理。若你想討情人的歡心，特地去學做菜，某天晚上做了一道他平常最愛的精燉紅燒牛肉麵給他吃，卻忽略他那天中午已經吃過牛肉麵、下午吃牛肉乾當點心的話，就算你的手藝再好，還是會令他在心中小小的抱怨一下。所以你應該要注意對方吃過了什麼，再決定晚上要準備什麼，才不會令雙方都失望難過。

因此，不論你身處於什麼樣的環境、什麼樣的行業，也不論你想成為哪方面的人才，想被哪一位伯樂相中，專注「動態」絕對是必要的，以傳統的「不變應萬變」要面對現代的瞬息萬變，能成功的人少之又少。與其等著伯樂來找你，不如選擇關注伯樂，然後嘗試迎合他，這才是成為被賞識的人的捷徑。

累積相關知識與技能

關注發展是為了擄獲伯樂的目光，而在雀屏中選之後，我們便要開始積極累積相關的知識與技能，企業認為「學歷」已經變成基本的條件，而對於「經歷」上的實務累積更是不容忽略。除了書本中的理論，更要懂得實務上的操作及應用，也就是能力的體現，初出社會的新鮮人，企業除了看其學歷之外，多半會參考參與哪些學校社團、學生組織、實驗室實習、承辦活動及打工的經驗，目的是確保聘請的是「能用」的人才，所以奉勸各位在學的朋友，除了顧好課業之外，也要多多參與增加履歷豐富性的活動。

證照及進修證書、培訓證明等便是你後續得到升遷、調薪、重用的關鍵，在這些方面的積極尋求及拓展，是證明自己確實抱持著認真看待工作及未來的態度，而且全球各式行業都吃這一套。從歷史悠久的醫師、律師、會計師證照開始，後來陸續出現廚師、保母、工程師等專業技師的合格證明，甚至現在連禮儀師、博弈證照及債權委外催收人員（簡單說就是討債人員）等都需要持有證照，就可以知道：證明及專研自己擁有技能的重要性。

阿提是一名以街頭賣藝維生的小提琴手，因為容易賺錢的黃金地段很難取得，因此，他便與剛認識的阿薩兩人聯手，一起奪下了某間銀行門口的位置，這間銀行因為承辦的業務眾多，所以人潮絡繹不絕，在人來人往中，阿提與阿薩賺到不少錢。一年過後，阿提決定向阿薩道別，因為他申請上音樂學院，要去深造了；而阿薩覺得這份工作輕鬆有趣，況且這難得的黃金地段讓他能穩定賺錢，又能存些錢，便選擇留了下來。在這之後，阿提因為學習而花費不少金錢，每天省吃儉用，又要練習教授派下來的功課及準備一次次的發表會，吃了不少苦頭。五年過去了，阿提認識了很多音樂界

的同好及名人，自己有了小有名氣的室內樂團，也屢獲邀約到知名音樂廳舉辦演奏，成為名利雙收的小提琴家。某天，他懷念起當初一起搶場地賺錢的阿薩，於是回到銀行門口碰碰運氣，沒想到阿薩果真還在那裡演奏，看到阿薩因錢桶裝滿滿的滿足神情，阿提很開心的過去和阿薩聊天，阿薩問起：「阿提，你現在都在哪裡賺錢啊？」阿提說了某間知名音樂廳的名字，阿薩又問：「喔？那裡的門口也像這間銀行好賺嗎？」這問題使阿提尷尬的心想：「到底該不該跟這位老朋友說，自己其實是在音樂廳的舞台上表演呢？」

阿提的故事就是一個很好的學歷加經驗實踐的例子。現今有很多在職進修的管道，像是學校的在職專班、學分班或是坊間的電腦補習班、英外語補習班、才藝班、證照班等等，不論你的專業領域是什麼，你一定能找到使你原本的專業升級的充電管道。若想成為足以推倒前浪的後浪，那麼在學時便要好好補足實務技能；若想成為不被後浪推倒的前浪，那麼在職時便要懂得把握繼續學習的機會，時時自我充電。

而反觀阿薩，畫地自限的他只懂得守住自己的小圈圈，而不知道為自己多充實的重要性，當然，他也過著快樂的生活，但是對比上已大有突破的阿提，這中間的差異與評價，我想大家心裡一定有底了吧！

是的，職場需要充電，對於家人及朋友也是需要的，試想一下，若每次你能吃到的菜色就那幾樣，就算再好吃也是會膩的吧？若有一個朋友每次說的都是同樣的故事，每次的見解就那幾種，這樣還聊得下去嗎？在這些小小疙瘩的交錯當中，伯樂可是會漸漸對千里馬失望的。我們可以多多利用圖書、傳播媒體、電腦等工具，更新資訊及提升技能，例如食譜的取得能讓你變出多樣化的菜色，收羅科技的發展或全球趨勢、名人演講的影片都能讓你聊天的內容更加豐富精彩。人才除了精進職場專長外，若能再有第二專長，相信會如虎添翼。

拓展第二專長

有個農夫從小的目標是當作家，因此他每天整理完農田之後都會努力的寫作。十多年來，他堅持每天至少寫作五百個字以上，每寫完一篇，他都精心的潤稿，修改再修改，然後再滿懷希望地寄往各個出版社投稿。遺憾的是，儘管他是如此的努力，卻從來沒有一篇文章獲得刊登，甚至連退稿信都沒收到過。就在農夫29歲那一年，他收到了生平第一封退稿信，那是一家他十年來都堅持投稿的出版社，信中寫道：「看得出來你是一位很認真的青年，但是我不得不告訴你，很遺憾，你的文章內容過於狹隘，社會歷練也顯得貧乏、枯燥。但是，從這麼多年來你的投稿中可以發現，你的鋼筆字越來越出色了！」這封退稿信硬生生地打破了農夫想成為作家的夢想，但也讓他發現自己耗費那麼多時間是有收穫的，

雖然收穫的是鋼筆字而非文采。農夫領悟到：「或許轉個彎生命的結果就會不同」，於是他毅然決定轉而練起鋼筆字，果真突飛猛進，現在他已成為一位相當知名的硬筆書法家了。

第二專長，簡言之就是與你原有專長不同的另一項才能。現在各界都在高喊第二專長的好處及優勢，我們當然也要不落人後。在景氣不好的時機，人們想到的就是兼差多賺些錢，但多數人是苦無門路，因此，「做中學，學中做」，提早尋找第二專長是最佳利器，它可能是你從小就深感興趣的，也可能是幾經波折轉彎覓得。第二專長可以分成三種類型：一是「為了能有兼職或有備無患的預備專長」而發展的；二是可以「結合第一專長的跨領域學習」；三是為「增加生活樂趣及新鮮感」而參與的。

1.預備專長：持續專研同一項技能，能讓你獲得很好的成就，但若因此故步自封，很容易在環境變動時遭到無情的淘汰。像是2008年爆發的金融海嘯，造成許多企業倒閉及多人失業。這些失業人口中，若只擁有單一專長，會因為欠缺柔軟性與彈性，以致難以勝任不同領域的工作，遲遲無法從這場厄運中再次崛起；相形之下，具備其他專長的人，因為擁有雙重專業、熟悉不同的領域，因此有了較高的機動性及可塑性，不僅能夠快速找到其他工作，更有辦法身兼數職，極有可能成為職場上炙手可熱的人物。

再看另一個例子。90年代知名藝人陳俊生，因為演戲需要背厚厚的劇本，為了增強自己的記憶力，所以他便開始接觸及研究記憶的相關課程，後來，陳俊生在1999年創立了增加記憶力的補習班，並且漸漸淡出演藝圈，在他的第二專長中發光發亮。

2.跨領域學習：這類的第二專長會使得「一加一大於二」，讓你不僅擁有原本專長及第二專長，更能獲得兩者相互結合而形成的第三、第四專長。

像是接受過《Cheers快樂工作人》雜誌專訪的范銘祥律師，他從交通大學電子工程學系及清華大學工業工程研究所畢業之後，便進入智慧財產局工作。在智慧財產局當中，范銘祥從專員一路升到課長，他發現在專業審查中會碰到許多不了解的法律問題，與其向外求援，不如自己弄清楚還比較好，於是他決定投考東吳大學法律碩士班乙組，並且在2003年考取了律師執照。因為兼具智慧財產實務能力以及法律方面的專業，橫跨了科技以及法律，不僅讓他在專利局的工作如魚得水，甚至後來想脫離公務員生涯時，很快就找到了知名律師事務所的工作，並且一進去事務所就當上科技組的組長，負責總審查的工作，立刻著手處理大型科技業者的案子，幾乎沒有一般人跳槽轉業需要的過渡階段。

3.生活樂趣：第二專長不一定要朝著職業發展，也能將興趣轉變為專長，像是跳舞、繪畫、攝影、樂器演奏、收集公仔玩偶、鑑賞珠寶、品酒、種植花草樹木等，利用下班時間培養工作需求以外的能力，不僅能夠調劑身心、放鬆心

情，使繁忙枯燥的生活注入一股美好的經驗之外，更可以開拓視野及打開人脈。

將興趣轉變成專長，並不代表著興趣等於專長，是要認真鑽研及持之以恆地實踐你的興趣，它才有可能不再只是玩玩，而成為一種專業，比如說華碩董座施崇棠的一位秘書，因為舞跳得很好，因此受老闆邀約負責為宴請外國客戶而舉辦的大型舞會開舞，成為宴會上的閃耀焦點，舞蹈就是這位秘書在職場之外的第二專長。

這類型的第二專長會讓你成為一個不無聊的人，因為你有喜歡做的事情能做、能表現，因此你不再無聊；對別人來說，因為你的視野不再侷限，思想開拓、靈活，所以你也不會是個枯燥、乏味的人。

世上沒有什麼絕對的人才，只要你能夠在實踐中不斷學習，在學習中不斷實踐，那麼你便踏上了人才之路。若你覺得自己已經是個人才，卻在人海之中浮浮沉沉，苦無伯樂上門，那麼從下面的故事會告訴你，不要絕望，再多等一下，你便能脫穎而出。

一位老婆婆在屋子後種了一大片玉米，一支顆粒飽滿的玉米對著其它玉米說：「收穫那天，老婆婆最先摘下的肯定是我，因為我是今年長得最棒的玉米。」但是到了收穫那天，老婆婆並沒有摘走它。「明天老婆婆一定會將我摘走。」這支玉米對自己信心喊話；到了第二天，老婆婆採收完剩下的玉米，但依舊沒有摘走它，第三天、第四天⋯⋯，

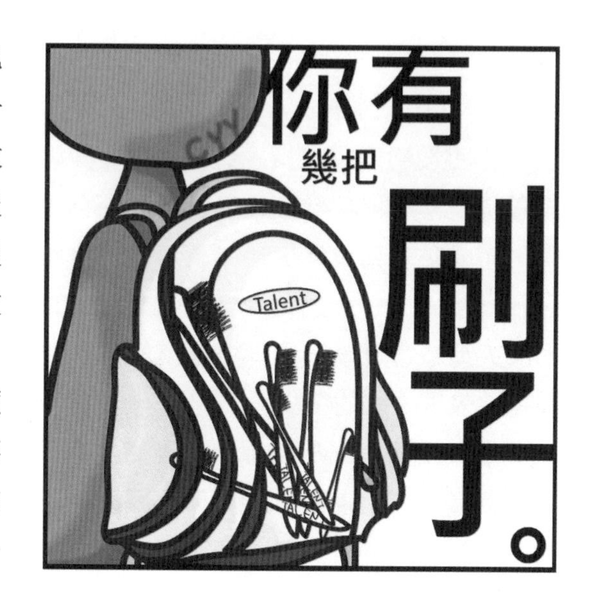

玉米不斷對自己信心喊話，也一再地以失望收場。一天又一天過去，老婆婆沒有再出現。這支玉米已經絕望，它多汁飽滿的顆粒早已變得乾癟堅硬，它準備和這些玉米莖葉一起爛在田裡了。

就在這時，老婆婆笑呵呵地出現了，一邊摘下它一邊說：「這可是今年最好的玉米耶，用它來當作種子，明年肯定能長出更棒的玉米來。」

真正的野獸都會懂得蟄伏，靜靜地等待最佳上場時機，一旦抓住了機會就大顯身手。或許你還在等待，那麼就耐心靜候吧，利用這段時間再次讓自己升級，西班牙最偉大的文學家賽凡提斯（Miguel de Cervantes Saavedra）曾說：「勤敏是好運之母」，勤敏的提升自己吧，當機會來臨時，**「我」**便能夠立刻抓住所有伯樂的目光。

總之，努力向上，人人是才。

15 火花四濺的創造力

現在可謂是創意經濟的時代，學歷高低、記憶力好壞，以往總是左右著職場薪資及社會地位，如今重要性已逐漸下降，取而代之的是「創造力」。創造力，這種解決問題、創新思考的能力，已經變成世界各國及各個行業普遍關注的問題，它不僅能夠提升產業績效、增加個人及國家競爭力，更能帶領全人類在各個領域及面向突破限制的框架，走向無法想像的未來。

生產商品、謀劃策略、提升形象、訂定制度、改善生活、製造知識……各式各樣的主題都需要創造力的加入才得以誕生。沒有了創造力就失去有趣又好用的商品，沒有了創造力就沒有具競爭力且獨特的策略，沒有了創造力就不容易打造出令人印象深刻的形象，沒有了創造力就無法找出合適且人性的制度，沒有了創造力生活會變得呆板又生硬，沒有了創造力知識的發展就完全被局限住了。

你認為自己還不夠有創意嗎？總是想不出絕頂的策略嗎？做事常常被忽略嗎？不用擔心，創意這種東西不一定是天生抑或憑空而來的，發明之王愛迪生就說過：「成功是一分的天才，再加上九十九分的努力。」在努力了解什麼是創造力、學習怎樣訓練創造力之後，**「我」**的金頭腦將會被激發，讓你的生活中處處都能夠擁有創意思考，並且得以實踐。

創造力和智力、表現力一樣，是可以經由培養而有所長進的，而創造力的內容，包含「創意」與「創新」。「創意」指的是一種意念或是思維，少有人會運用或出現的概念及想法，「創新」則指一個創意必須完全是「新」的、前所未有的，兩者都可以算是創造力的體現。也就是說，只要是用新穎、奇特的方法解決問題，或是提出別出心裁的想法，就可以算是有創造力的，不一定要做到空前絕後，可以先從突破現有框架、顛覆他人邏輯開始，發展自己的創造力。

要提升創造力，我們首先來剖析一下創造力的構造。創造力由「理性的認知」及「感性的情意」兩大面向組成，「理性的認知」主要有「流暢力」、「應變力」、「獨創力」及「精進力」，我將它們看成創意「產出」的結構；而「感性的情意」則有「好奇心」、「想像力」、「挑戰性」及「冒險性」，我將它們看成創意「思考」的機構，這些細項接下來都將會一一介紹並舉例。

在細說創造力的各個元素之前，我們必須先來看看創造力的兩大「基石」，如果沒有了這些堅固的基石做底，那麼上述所提就都不用玩了，這麼重要的基石是什麼呢？那就是——「觀察」和「撇開習慣」。

觀察

擁有敏銳的觀察力，是培養良好創造力的第一步，也是最重要的一步。許多改變人類科學發展、經濟發展、社會發展或是生活的學者，都是因為觀察到了別人所沒注意到的事情，像是被蘋果砸到的牛頓，自古大家都知道東西會往下掉，但就是沒有人發現萬有引力定律；又如提出「凡是可能出錯的事情必會出錯」的愛德華．墨菲（Edward Aloysius Murphy），我們只會覺得衰事連連，比如一個放很久卻都沒派上用場的東西，一將它丟掉，必須使用它的時機便會出現，但卻沒有人仔細觀察這總往壞處發展的世事，提出詭譎的墨菲定律。

沒有了觀察，我們就沒有好用的魔鬼氈。1984年，瑞士的工程師麥斯楚（George de Mestral）在一次散步回家後，發現外套上黏附了許多芒刺，他好奇的拔下芒刺放在顯微鏡下，想了解究竟。麥斯楚發現芒刺本身就像一排鉤子相互結合在一起，只要碰上布料或是動物的毛就會緊緊的鉤附，這個觀察觸動了麥斯楚的創作靈感，他花了八年時間不斷改進，終於完成了將尼龍織成兩排，一排織了無數的小鉤鉤，另一排則織了許多的小環孔，將兩排尼龍壓在一起時，成了緊緊卡在一起的魔鬼氈。沒有了觀察，就做不出逼真的多功能機器人；沒有了觀察，我們會變得非常無知又無趣。透過觀察，我們才能發現許多有趣的現象，進而發明有用的東西；才能夠體會他人的情緒及需求，進而擬出最容易成交的合約；才能夠累積經驗，在最適當的時機，運用最適當的材料，激發出最多的想像及創造。既然觀察如此重要，但要怎樣才能培養出敏銳的觀察力呢？有兩個不錯的辦法提供大家參考。

1.討論：很久以前，人類還光著腳丫子走路時，有位國王到偏遠的鄉間出巡，由於鄉間小路崎嶇不平，有很多的碎石頭和泥塵，刺得他的腳板又麻又痛。回到宮中，國王就下了一道命令，要大臣們把所有的道路都鋪上牛皮，國王想著：「這麼做應該可以造福全體子民，讓大家走路時不再受刺痛之害。」可是哪來那麼多的牛啊？哪怕殺光國內的牛，也得不到足夠的皮革啊！所以，大臣們集體討論這個不可能的任務，有人提議：「再殺馬或豬，多殺一些畜生，那皮總夠了吧！」也有人說：「那用木板，砍掉全國的樹木。」大家七嘴八舌地討論並提出自己的看法，最後他們有了結論，一起去向國王報告討論的結果，他們說：「英明的君主，為什麼您要如此勞師動眾，犧牲那麼多牛，耗費那麼多的金錢，動用那麼多的人力呢？您何不用兩片合您腳的牛皮包住腳來走路呢？」國王聽完之後欣喜萬分。聽說這是皮鞋的由來，他們因為討論而發明皮鞋，若只以國王一個人的思考為中心，那見解是狹隘的、偏頗的，但是經由集思廣益之後的見解，卻可靠、實用多了。

我們可以試著約幾個朋友共同完成一項觀察，比如說，

到夢時代購物中心的外圍走一走，各自進行觀察，回來之後將每個人所觀察到的事物提出來討論，此時，你便會發現每個人的觀察都有所不同，除了有些人比較粗心，有些人觀察的較為仔細之外，你也可以發現大家切入事情的角度各不相同、感到重要的事情也不一樣。經過幾次這樣的討論，我們在之後的每次獨立觀察中，也要試著站在很多人的角度進行觀察，從不同的觀點切入，讓每次獲取的訊息量都像大家一起觀察一樣的豐富。

2.隨時隨地：利用每次機會，在家、辦公室、街道、餐廳都可以，觀察周遭人們的表情、姿勢及習慣動作等等，例如：某同事講電話時，空出來的手都在做些什麼、對桌的客人是怎麼拿筷子的，諸如此類，隔一段時間之後，試著閉上眼睛回想剛剛或昨天觀察到的一切，盡可能回想起畫面而不只是敘述的文字，從畫面當中或許可以再發現什麼。

撇開習慣

曾有人做過一個跳蚤的實驗。跳蚤平均能跳的基本高度約為自身體長的數百倍，這個人將跳蚤放進培養皿中，跳蚤立刻輕易地跳了出來，屢試不爽。接下來，這名實驗者又把跳蚤放進了培養皿，不過這次在培養皿上多加了蓋子，培養皿不斷發出聲響，因為跳蚤一次又一次重重的撞上蓋子。很多次之後，跳蚤開始學乖了，它不再跳得那麼高，它開始適應培養皿的高度，以防撞傷了自己，試了幾次之後，跳蚤便能在不撞到蓋子的情況下在培養皿內自由跳動。過些時日，實驗者輕巧地將蓋子移除，不知道培養皿已經沒有蓋子的跳蚤，依然是用適應之後的高度在跳動，又過了一個星期，當實驗者回來看跳蚤時，牠們依然沒有跑掉，安分地在培養皿中生活著，因為這些跳蚤已經習慣培養皿的高度，再也無法跳離培養皿了。

因為習慣，我們常常會錯失解決問題的關鍵；因為習慣，我們總是會觀察了半天卻找不出個所以然，我們被習慣約束住了，思考僵化，對任何事物都容易忽略。習慣是創意最可怕的殺手、最大的絆腳石，但若能成功地將這塊絆腳石打碎，它將成為最穩固的基石。因此，我們要學習對抗習慣，突破熟悉的框架，才能順利與富有無限創造力的世界接軌，養成「撇開習慣」的習慣，將「通常」、「照慣例」拋在腦後吧！無須思考就會自動反應的熟悉思路，可是與創造力背道而馳的。

理性的認知

有了基石之後，我們就可以開始建造創造力了，我將「理性的認知」比喻成結構，是屬於不動的構造，用「流暢力」、「應變力」、「獨創力」及「精進力」來搭起創造力的理性部分，接下來就分別來看看這些建材的說明吧！

1.流暢力（fluency）：流暢力是指在較短的時間內，湧出大量想法或意念的能力，流暢力越好的人，反應越快，點子越多，創造力越好。

流暢力可以分成三個細項：「觀念的流暢力」指針對特定主題能夠提出不同內容構想的能力；「聯想的流暢力」指能找出某些訊息之間相關性的能力，也可以說是藉由某訊息而衍生出更多訊息的能力；「表達的流暢力」則是指針對同一件事物，能夠以不同的組織及表達方式去說明的能力。

流暢力是以「量」來衡量的能力，誰能夠用最短的時間爆發出最多的想法，誰就最具有流暢力，所以流暢力是擴散性思考的一種，將思緒的觸角一再地延伸及擴散。其實，我們從小就一直在訓練自己的流暢力，因為我們總是「必須」想出很多理由來為自己沒交作業、沒簽聯絡簿以及為何遲到辯駁。平常，我們也可以用類似的方法訓練自己的流暢力，首先，給自己一個主題，例如「紙杯」，然後在三分鐘之內，盡可能寫出你所能想到有關紙杯及聯想出的東西，像是「紙張」、「資源回收」、「環保」、「綠色」、「咬爛紙杯的邊邊」、「章魚」、「風鈴」、「外食」等等，盡可能地多想、多寫。

2.應變力（flexibility）：應變力是指能夠突破成規，改變固有思考及處事模式的能力，也就是指思維的彈性、頭腦轉彎的能力。以器具來說，有足夠應變能力的人，不會被該工具原本的用途所侷限，例如：給你一個氣壓計，請你用氣壓計量出住家隔壁大樓的高度。若以「氣壓計」的常規用途來使用，那答案便是用它量出大樓頂部及底部的氣壓差，代入公式計算出大樓高度。但氣壓計就只能乖乖當個氣壓計嗎？你其實還可以將氣壓計視為「重物」，爬到頂樓將氣壓計往下丟，測出氣壓計落地所需的秒數，再用換算公式計出大樓高度；也可以將氣壓計當作「已知長度」立於地面，利用竿影的比例求出大樓高度；更絕的是將氣壓計當作「商品」，利用幾次交易，向建商或大樓管理委員會換取大樓的資料，找出大樓的高度。

一樣的氣壓計，有變通能力的人，就能夠打破框架，即使條件有所限制，還是能用許多方法完成任務。平時，我們也能試想「滑鼠除了接上電腦使用之外，還能做些什麼？」、「文件夾就只能是文件夾嗎？」，不要被事物原有的形狀、用途所拘泥，看看金門，滿地廢棄的砲彈，作為古蹟展示用不了那麼多，但如果將它們切割鑄造後，就成了超實用的菜刀，不是嗎？

3.原創力（originality）：原創力是指與眾不同的稀有反應能力，常會超出邏輯，蹦出令人意想不到的念頭或是解決難題的方式，較具有原創力的人，行為表現總是超乎常理之外，雖然這種獨特令大多數人跟不上腳步，卻往往能使進入死胡同的人有柳暗花明又一春的感受。

原創力較難以培養，因為它不只需要龐大資訊的累積及快速的訊息處理，更要有靈活的思考及組合，很多原創的東

西，除了平時的努力之外，也必須等待靈光乍現。雖然我們不是什麼發明家，但平常我們可以多多思考要怎麼做才能夠與眾不同、脫穎而出？從人才濟濟的公司被發掘，成為備受矚目的明日之星。

4.精進力（elaboration）：與流暢力所追求的「量」不同，精進力是使「質」盡善盡美的能力，將原有的構思加入新的元素、替換更適當的概念，以增加事物的豐富性、實用性、趣味性等。精進力講求嚴密的思慮及周詳的考慮，是錦上添花而非畫蛇添足，讓你思想的產物能夠一再精益求精、更上層樓。精進力的訓練在日常生活中唾手可得，舉凡在自己的報告或論文中，除了文字之外，再加上圖表及圖片幫助閱讀者了解，以及言談中加入手勢也是一項精進力的表現，或是在自行錄製的影片中加入音效，使情節更有張力；又如裝潢房子，可以只講求機能性完善就好，但加入精進力，就能擁有美麗與實用兼具的住宅。只要願意多花一些時間及心思，要提升精進力其實並不困難。

感性的情意

既然在創造力的構造當中有「理性的認知」結構，那麼就也一定要有「感性的情意」機構，機構指的是結構中能夠「動」的部分，加入機構，你的超級跑車便可以搖身成為更酷炫的變形金剛，注入生命力變得不平凡，建造機構所需要的材料有「好奇心」、「想像力」、「挑戰性」及「冒險性」，我們就來看看這些使創造力活起來的關節吧！

1.好奇心（curiosity）：好奇心是指對問題或是任何事物感興趣，並且主動追尋答案的心態。好奇心是人類的天性，越小的孩子對越多的事物持有好奇心，隨著年齡的增長，許多人對於不重要的事情會越來越淡漠，不再關心，但若是能保持濃厚的好奇心，你便會發現生活中的大小事情都非常精彩，在調查與探究原因時，我們能學習到更多，也因為不斷的探訪及尋求，創造的靈感將更容易被激發。

舉例而言，做菜的時候可以試著換掉調味料或是某樣材料，看看可以變出什麼樣的新菜色；看魔術表演時，可以想想如何破解魔術師的把戲，也可以自己嘗試相似的手法。凡事抱持著好奇心，多問「為什麼？」，努力尋求緣由之後，便能常常有「原來如此！」的突發奇想。

2.想像力（imagination）：想像力是將事物聯想出各式各樣不同意象的能力，與好奇心一樣，越小的孩子就有越豐富、越自由的想像力，隨著年齡的增長，成人被既定的規則及生活框架所侷限，想像力不斷的退化。若能保有想像力，我們除了能發現這世界的驚奇有趣之外，也可以經驗到超越感官、超越時間及空間的奇幻。想像力薄弱的人，向天空張望只會看到一片雲海，但富有想像力的人，可能看到遠洋艦隊正向敵人慢慢逼近，準備來個絕地大反攻；想像力薄弱的人，看一本書就只是看完了一本書，但富有想像力的人，看

完一本書之外，他也經歷了作者的部分人生、遊歷了故事中的每個國度。

我覺得回味夢境是一種培養想像力很好的方法，夢的內容總是不可捉摸，在夢的世界，我們可能手拿著鍋碗瓢盆在打仗，我們可能自如的飛翔在天際，我們會際遇現實當中的任何不可能，或許能把一些夢中情節套在現實生活當中，想像一下若是我像夢中這樣做了，接下來會發生什麼事情？除此之外，也可以試著改編故事書或是電視劇的情節，拿掉一個關鍵環節之後，想像事態之後的發展，例如醜小鴨好不容易熬成了天鵝之後，卻是一隻沒有潔白外表的黑天鵝，那故事接下來的發展會是怎樣？讓自己隨時想像吧！有了想像力，現今的我們才會有歡樂童年、才能有飛行器的發明、精采絕倫的電影，所以該盡可能豐富自己的想像力，如此才能創造出更多不可思議的事物。

3.挑戰性（complexity）：挑戰性指的是能夠在紊亂、複雜的情境當中，依然能夠保持著冷靜的態度去面對問題的核心，並以解開難題為目標的心態。有挑戰性的人，遇上困難不會推諉塞責或是退縮，反而會激起鬥志，勇敢面對；相反的，沒有挑戰性的人，總是會想要放棄，覺得自己沒辦法、不夠格，這樣子灰色的心態，會阻撓創造力的發展及實踐。

要增加創造力，就必須嘗試著去挑戰，承擔一些你認為在自己能力之上的事情，在危機的逼迫之下，急中生智，你便會發現自己蘊藏著無限的可能性及創造能力。

4.冒險性（risk-taking）：冒險性是指勇於冒險、敢於對付未知狀況的態度，具有嘗試、猜測、實驗以及面對所有批判可能性的勇氣。具有足夠冒險性的人，樂於接受新事物，享受著嘗試新鮮事物的過程，並且迫不及待地迎接下一個未知；沒有足夠冒險性的人，則會選擇依循故例，只求安全平穩地達成目的，這種不喜歡「節外生枝」的性格，會掩蓋住了創造力萌爆出嫩芽的機會，使得一個人的創造力如槁木般死寂。

嘗試一個人去旅行、選擇大多數人不做的決定，從這些冒險中，探索從未體驗過的心情、聆聽來自四面八方不一樣的聲音，然後，這全部的驚奇都將成為你創作的泉源，讓你發出與眾不同的光芒。

創意就像是一場永無止境的馬拉松競賽，若你擁有了創意，就代表著你在賽道上設下了一道道的障礙物，你的對手將被這些障礙物逼迫的放慢腳步，必須不斷衍生出一個個創意才能化解你設的關卡。創意是你讓對手疲於追趕最好的武器，一旦拉開了你與競爭對手間的距離，那麼你就獲得了掌控局勢的大好機會。

在創造力的世界裡，凡事都沒有標準答案，只有待你自由揮灑無盡的思維魔力，掌握住理性認知裡的四個力、保持感性情意中的赤子之心，在觀察與撇開習慣這兩大基石上面，開始建構一個獨樹一格的**「我」**吧！

總之，沒有創造力，人生無新意。

Creati

16 秀出自己打開知名度

對於自己的付出及努力，我們常會希望能被「看見」、被「知道」，甚至被「銘刻在心」，這種存在於他人記憶的程度，我們稱為「知名度」。這三個字相信大家都不陌生，在公司，我們需要知名度讓主管在討論升遷時想到我們；在學校，我們需要知名度讓自己在專長領域發光發熱；若你是老闆，你需要知名度好讓你的事業蒸蒸日上；若你是研究人員，你需要知名度好讓你獲得充足的經費。現今社會，只要提高了知名度，就等於提高了做事的方便性及未來性，認識你的人增加，屬於你的機會也會跟著增加。**「我」**苦無機會大展身手嗎？**「我」**的才氣被埋沒了嗎？好康的事總不會找上**「我」**嗎？這一個章節就是要讓你知道如何打開**「我」**的知名度，讓幸運自己來敲門。

條條大路通羅馬，想要擁有知名度其實是有很多方法可以用的，舉凡網路、各式競賽、

選秀、出奇招等等，都是不錯的選擇，接下來我將介紹一些方法及其成功的例子，讓你有所參考。

比賽

參加比賽不只是給自己肯定，更容易獲得他人的肯定。若你想在專業領域佔有一席之地，那麼參加比賽容易讓業界的人投以讚賞的目光，門外漢也會因為名次、獎項等頭銜，對你產生好奇及羨慕；倘若參加的比賽規模越大、越國際化，你甚至不用得到什麼獎，光是獲得參賽資格就足以打開你的知名度了，下面分享幾個利用比賽而成功打響名號的人物。

麵包師傅——吳寶春

不論是大城市或是小鄉村，麵包店以僅僅輸給便利超商的數量充斥著街頭巷尾，也就是說，麵包師傅到處都是，不足為奇，但就是有人能從這一干平凡人中脫穎而出，除了努力、用心及信念的堅持之外，我認為最大的原因是參加了比賽。

這位脫穎而出的贏家是吳寶春，生長於屏東鄉下的他，因家境貧窮，國中畢業後便離家至臺北當麵包學徒。吳寶春在傳統麵包與新式麵包間埋首創造，堅持好還要更好，也期許自己能讓嚐麵包的人吃出幸福的味道。而不只講究製作麵包的手藝，他也極度要求食材，親自跑到產區挑選是常有的事，也因而吳寶春因緣際會吃遍了各地的美食，帶給他追隨的慾望及無限的靈感。

用心、用腦的麵包師傅有很多，但能做到家喻戶曉僅只少數。吳寶春在2005年時組隊參加了有「麵包界奧林匹克」之稱的「樂斯福麵包大賽（Coupe du Monde de la Boulangerie）」，一路征戰，從臺灣的冠軍，再壓倒日、韓等國獲得亞洲區冠軍，並在2008年前往法國參加在巴黎舉行的世界賽，以「酒釀桂圓」麵包奪下了世界盃銀牌；他同時也拿下歐式麵包的個人優勝。2010年，吳寶春代表臺灣以「米釀荔香」麵包在法國「世界麵包大師賽（Les Masters de la boulangerie）」中再次打敗群雄，奪得歐式麵包組冠軍。

就是這些輝煌的比賽成績，讓他的努力及用心被大家「看見」了，吳寶春因此有了「知名度」，讓他2010年在高雄市新開張的麵包坊，日日都有人大排長龍，想進去選購還得通過人潮管制才買得到的麵包。

服裝設計師——古又文

文化創意產業是繼科技業之後臺灣最新興的熱門產業，工業設計、服裝設計、廣告、電影、多媒體等等，處處都湧現了軟實力的熱潮，大量的年輕人因此開始編織起創意夢，這股積極，反映在相關科系入學分數的水漲船高上，入口網站也常被室內設計、電腦繪圖等教學廣告佔領，但大多數新

銳設計師都脫離不了無法受業主、媒體重視的宿命，若執意要走這條路，常只能靠零星的接單度日。

古又文的最初並沒有今天如意，雖然從他念松山商職廣告設計科，樹德科技大學流行設計系及視覺傳達設計系，到輔仁大學織品服裝研究所，成績一路優異，也難逃這新銳設計師艱苦宿命的糾纏。2004年，古又文拿著他在念輔大時期的作品「情感雕塑（Emotional Sculpture）系列」參加了中華民國服裝設計新人獎，獲得第三名；同年，古又文赴中國參加北京師生盃中式服裝單項，獲得第一名；2005年，他又在上海東華杯國際服裝大賽贏得金獎，但這些榮耀並沒有讓古又文順利脫離新銳苦海，他依舊沒有受到重視。為了生活，古又文什麼案子都要接，從瑜珈服到僧服皆包含在內，卻少有可以被稱為作品的物件，備嘗艱辛。

古又文2007年參加香港時裝週，可說是他人生的轉捩點，在此，他遇見了一個願意以一般單品三倍價格下單的日本買家，他震撼的心想：「在臺灣不受青睞的作品，拿到國際市場竟然有機會延續自己的設計之路。」於是，古又文決定到英國聖馬丁藝術設計學院唸書，為了籌到學費，他衝著獎金而來，再次拿了「情感雕塑系列」作品參加美國最大的國際服裝競賽Gen Art's Styles，並拿下前衛時裝大獎，就在獲獎的隔日，古又文瞬間翻身，成為媒體追逐的焦點，各大報及電視皆以頭條來報導這個新聞，成為臺灣少數具高知名度的服裝設計師。

此後，古又文邀約不斷，不僅參與國內專輯封面服裝設計、為法國電影擔任服裝設計及美術指導，更成為臺灣第一位作品進入美術館展覽的服裝設計師；更甚，他的雕塑系列織品服裝被選入英國針織服裝教科書，成為教學範本。

有才華的設計師很多，肯努力、肯堅持的設計師也很多，但要冒出頭真的非常不容易，古又文靠的不是運氣，而是信念，或許臺灣的比賽不足以讓你成名，試試世界各地的比賽吧，相信自己的能耐，不放棄任何比賽的機會，在你獲獎的那一刻，在你被掌聲環繞的那一刻，知名度就會「砰」一聲炸到天空的頂端，所有機會都會主動靠向你的。

網路

網際網路的興盛促成了資訊大爆炸，訊息傳遞的速度是二十年前所無法想像的，網路的發明人柏內茲里（Berners-Lee）曾說過：「總有一天，網路會將世界上所有的資料，放到所有使用者的指尖。」現今，因為行動裝置的普及與升級，我們幾乎可以隨時隨地取得想要的資訊。因此，我們也能將自己的任何資訊，藉由網路送至每個使用者的指間，進入每個人的眼裡、心底，網路是提升知名度較簡便的方式之一。

網路漫畫家——彎彎

當漫畫家、插畫家或許是很多人青春年少的夢想，看著

一本本的漫畫，畫出青春熱血的夢、畫出少女懷春的夢、畫出校園裡的酸甜苦辣、畫出社會裡的辛酸苦痛；對於作者那無限的想像力，我們欣羨著；對於作者那細膩的觀察力，我們感動著。但多少人死在這片夢想的海中？能靠著畫畫生活的人少之又少，想讓自己創意見光的人，也因為出頭困難而黯然放棄。但因為有了網路，有了個人部落格，這一切都不再是遙不可及的妄想。

彎彎，以繪製MSN即時通訊軟體的大頭貼而成名，被封為「部落格小天后」。從小喜歡畫畫的彎彎，也有著成為漫畫家的夢想，原本因為年紀增長而逐漸破滅的漫畫夢，沒想到因為部落格上的無心插柳讓她美夢成真。一開始，彎彎只是因為覺得有趣而將隨手畫的小漫畫放在姊姊的網站上，後來索性自己開了一個部落格玩玩。彎彎覺得正經八百地寫生活很無聊，因此興起了「乾脆用畫的」的念頭，就此展開了她漫畫部落客的人生。

以辦公室感受為主題，彎彎畫了很多不同的MSN表情大頭描寫上班的各樣心情及感受，這獨特又貼近人心的大頭貼廣受親友的喜愛，並漸漸在MSN上流傳開來，大方的她將繪製的大頭貼放上部落格供好友下載，結果竟然創造了部落格神話，每天約有五萬人次上她的部落格，並且在部落格成立短短一年間就突破累積五百萬瀏覽人次。

因為經營部落格而走紅的彎彎，獲得了許多為部落格而成立的獎項，2007年時獲頒年度最佳作家獎「插畫家獎」，並且成為臺灣第一個因為擁有高知名度而拍攝廣告的部落客。繼彎彎之後，有越來越多人開始用心經營自己的部落格，因此拉高了知名度，獲得肯定、代言及網頁邊框附加廣告商機的人也不少。

絕妙時尚論個人意見

使用部落格還有一個我認為很重要的好處，就是「累積」，若是參加比賽、發表會、訪談節目等等，別人看到的都只是一時的臨場表現或台上一分鐘的成果，而忽略了你台下十年功的努力，或是壓抑了你平時的最佳表現。

要比犀利言論其實路上隨便拉一個年輕人都會，而能從一番批評之中加入一些似是而非道理的人，也只要多聽、多看、多嘗試就有辦法做到。很多人會在自己的部落格或是網誌等社群平台上發表一些自由言論，或是來賓上節目講了一些比較犀利的話，最後都會加個「純屬個人意見」之類的標語，表示個人較「特別」的立場，與他人無關。

這幾年，網路上出現了一個神祕部落客，他的部落格以絕妙的時尚觀點及鋒利的唇舌成為眾多網友舒壓的好去處，他是「個人意見」。畢業於中山大學藝術管理研究所碩士的「個人意見」，寫寫這些關於名人、名牌的時尚完全出於興趣，因為辛辣大膽、直言不諱，而養出了一群有著編輯記者、唱片企畫、唱片宣傳及品牌公關等等頭銜的忠實讀者。時尚這種東西本來就是見仁見智，「個人意見」利用聯想，

把一個人或一件衣服、一個包包等做了很誇張卻很寫實的譬喻，是一般評論家不會出現的語彙。比如說他將Dior Haute Couture 2011年的秋季服裝展比喻為一場連環車禍，將衣服一件件批評了一番，而且故事內容完整又連貫，從早上出門心情煩悶、事故現場、家屬趕赴，到最後不解為何會發生這種慘劇都有，而且「個人意見」厲害之處就是：說法平易近人，不像一般的時尚評論會讓人不解評論者到底在說什麼，而是會感到心有戚戚焉。

從2002年開始，「個人意見」利用網路平台發表文章，累積的見解很大量、支持的人也不少，而長期關注時尚動態及不時發表意見，使得他的地位更不可撼動。想想我們自己，看電視的時候不是也會評論東評論西嗎？有時甚至會比各家名嘴還要激動與激烈，「個人意見」做的事，不過就是我們平常私底下會做的事，但他將這一切都放到了部落格上，持之以恆地做，知名度便逐漸展開，現在成為全職部落客。

奇招

甲和乙兩間製鞋工廠同時派出人手到太平洋上一個島嶼探查鞋店拓點的可能性。就在下飛機的隔天，兩廠的人分別打了電話回報，甲說：「這裡的人都不穿鞋，一點市場性都沒有，我們放棄這個點吧！」然而，乙卻回覆總部：「這裡的人都還沒穿鞋，市場性極大喔！我們快來這裡設點販賣，相信能夠大賺一筆。」

相同的一件事，從不同的觀點切入，就會有很不一樣的想法及做法，能夠顛覆固有思考模式的人實在不多，而若你就是這樣的人，就照著你的想法拚命去做吧。「出奇制勝」，若能有出奇的才能，那就放膽去執行，知名度必定會成功落入你手中的，所謂鶴立雞群，想必所有焦點都會落在那隻鶴身上吧！

多產作家——九把刀

一進到書局，架上琳琅滿目的書籍，科幻、勵志、愛情、財經、自然科學、社會人文、醫藥、各式參考書等等，光是分類就數不太清楚了，更不要說每個分類底下都有幾千萬本書，要在這麼多書籍的作者當中被讀者發掘、進而被讀者讚揚與推薦是難上加難。大部分的作者，都認為把書本的「質」顧好之後，能不能成為暢銷就有待出版社的廣告、包裝與行銷，或是等待哪天眾神突然一起看上你，賜給你無上的幸運。但這龐大的作者群當中，有人想的不一樣，他是九把刀，以攻佔書架為目標的男人。

九把刀發表的第一篇小說是從BBS的交大資料站小說版開始的，而當九把刀在東海大學社會學系念碩士時，因為提交小說做為論文資料的一部分，因此發現自己適合從事寫作的工作，開始全力投入小說的創作。

九把刀每天都會蒐集並閱讀大量的資料，並且維持每天

寫五千字的習慣。要成為能夠生存下來的作家，除了要有天生的想像力、觀察力及足夠的知識及語彙背景之外，日積月累的努力及為了夢想死也要撐下去的態度更是不可或缺的。而除了這些基本條件九把刀都具備了之外，我認為他躍升知名作家做對的策略就是「量」，數目多了，就令人難以忽視，九把刀不僅僅用最快的速度攻佔了固定分類下的書架，更橫跨多個領域，搶掉了多種分類區，也就是說，不管你走到哪、眼睛擺到哪，都無法將「作者™九把刀」擺脫，從他1999年在網路上出版第一本書開始，至今約12年，九把刀出版過的書籍已近八十本，更曾創下連續十四個月每月出版一新書的紀錄。

如果你有足夠的能耐，再加上獨到的想法及另類的策略，那麼就快去做吧，聚光燈必定會照在特別的人身上。

卡神——楊蕙如

信用卡，一種延遲付款的塑膠貨幣，基於信任而產生的金融商品，立意良善，但若未在固定期限內繳清欠款，將會以循環利率計算，不斷上修欠款金額。隨著申請限制的放寬，以及許多銀行取消年費制度之後，臺灣具辦卡資格的人幾乎人手多張，根據行政院金融監督管理委員會的統計，截至2011年7月底止，臺灣總流通卡數為31,948,132張，而隨著無還款能力卻持有正、附卡的人數增加，再加上消費習慣美式化，持卡人不當濫用使得銀行呆帳節節上升，信用破產及被債務壓得喘不過氣的人比比皆是，輿論為這些被這張薄薄塑膠卡片害慘的人冠上一個稱號——卡奴。

就在銀行財團被民眾大罵冷血，害許多人成為卡奴，必須舉債過活的新聞滿天飛的同時，出現了一則利用信用卡賺翻了的神話，創造這個奇蹟的人被封為「卡神」，她就是楊蕙如。如此傳奇的楊蕙如，也曾經是個卡奴，在念成功大學歷史系的時候，就因為貪吃好玩，又被「手邊一張卡，快樂似神仙」的飄飄然迷惑住，從來不曾認真看過信用卡帳單，等到她回神之後，發現自己已經積欠超過10萬元的信用卡債務，對一個普通學生而言，這是一筆天大的數字。曾吃過卡債虧的楊蕙如並沒有像一般卡奴一樣，對信用卡避之唯所不及，反而運用銀行促銷祭出的優惠方案，像是辦卡禮、集點回饋、滿額禮、飛機里程兌換等，結合禮卷、禮品之類的項目，成功擊垮了財團，從中轉手賺錢。交友廣闊、怪點子多的楊蕙如認為信用卡能辦多少張就辦多少張，且不同的卡片要配合不一樣的消費及不同時期的優惠。她不僅在各大銀行網站詳讀信用卡的相關說明，多

次打電話確認訊息，也從各路好友身上打探消息，讓信用卡不只是延遲付款的工具，更讓信用卡成為賺錢、搶錢的好幫手。

雖然楊蕙如這樣的手法曾引起不小的爭議，銀行認為她鑽了制度的漏洞、虛擬交易違反定型化契約等，但是造成的轟動使楊蕙如成為媒體的焦點，這些新奇、反常的點子讓她知名度大增。

上面的三個主題，六個實例，是我們可以參考的目標及作法。每個領域、每個行業都會舉行比賽，而且國內外皆有，比賽的消息在網路上都可搜尋到，不妨多去試試，證明給自己看，也證明給大家看；架設個人網站或是開設部落格、網誌、使用影音平台也都非常方便，若你有創意、有想法或有任何心得，都可以放在上面，持之以恆，那會是一張最完整且漂亮的成績單，這是一個踏實去做就會有成果的方法。倘若你想爆紅，那就運用自己那夠驚奇、夠「脫俗」的想法嚇嚇大家吧！記得使用「火花四濺的創造力」章節裡讓所有人瞬間震懾於你的強大魔力。

若不想玩太大，有一些方法可以讓你小小的、逐步的建立周遭社交圈的知名度。像是利用「重複」會讓人印象深刻的技巧，你可以在自己寄出的電子郵件，都放入有自己訊息的「信頭」，就像公司寄出信件，必定會用印有公司標誌的信封一樣。而若你想引起某些人的注意，也可以試著常常出現在他的身邊，例如在公司不僅要把事情做好，也要「在主管面前」把事情做好，在攸關飯碗的競爭當中，不要拘泥著「為善不欲人知」的道理，要讓主管看到、知道，而且次數越多越好，那麼當別人問起誰認真負責、誰是人才時，他腦中必定會立即被你的形象佔滿，當然，若你是個習慣遊手好閒的人，那麼就不要使用這招了，因為當裁員時上層問起該裁誰時，你應該不會想要自己的身影佔據主管的腦海吧！

此外，跟已經具有高知名度的人或是團體在一起，也能順勢抬高你的身價，雖然「攀關係」不好聽，但千萬別因此羞於做這種事情，因為你能「和它有關係」這件事本身就已經證明你的價值，比如說你是某國際工會或是服務組織的成員、幹部，盡量去接近菁英分子，你的眼界會因他們而更加開闊。

若你現在沒沒無聞，或許正是開拓知名度最好的時機，先試著從身邊的小團體開始做吧，成功經驗是能夠被複製的，小地方做得越來越順手之後，大的也比照辦理就行了。

當你學完了前面所有的章節之後，就開始著手將重新訂完價的**「我」**賣出去吧！下一個章節，也是本書的最後一章了，要教你如何行銷**「我」**、販售**「我」**，憑藉著越來越高的知名度，相信你一定能做到的。

總之，擁有知名度，機會難說不。

daily prophet
!! Rank of Awareness !!
1' Bao-chun Wu
2' Frank lee
3' Marken Hsin
4' Tones Zen
5' Ya-yun Che
ARTIST
YO-WEN GU
1
殊榮
WAN2

17 懂得行銷會創富

懂得行銷，在經營**「我」**會更無往不利。企業需要行銷、商品需要行銷，而我們每個人更需要行銷，政治人物行銷政見與執行力、運動員行銷技巧與體力、歌手行銷歌喉、廚師行銷手藝，人人都該行銷**「我」**，就讓我們把行銷拆解開來，看看到底什麼是行銷？看看該如何才能做好行銷。

簡單的說，行銷就是將商品包裝完成，然後推銷出去。前面提過的人際關係、溝通、形象與魅力、如何打造知名度等等，就是將**「我」**包裝的方法，但該怎麼將它推銷出去呢？接下來的篇幅將為你上《重新訂價》的最後一課。

什麼是行銷？

行銷的本質是「交換」，也就是說，要行銷**「我」**，不是你個人感覺良好或是擁有很多就有辦法行銷的，交換必須有一個對象，而這個對象能提供給你有關於你訂下的「目標」或「策略」相關的人、事、物，並且你也要有值得對方兌換的東西，才能完成這個移轉的過程，又或者說白一點就是「交易」。

在法國一個偏遠的小鎮裡，人們聚集在巷子裡的一堵牆邊，只見一位中年男子，拿出一瓶超黏性膠水及一枚閃閃發亮的金幣，中年男子在金幣的背後薄薄地塗上一層膠水，再將金幣黏在牆上，高喊著：「誰能拔下這枚價值一千法郎的金幣，金幣就是他的了。」小鎮裡所有人都來試手氣，全鎮的人都試過了，最後還是沒人獲得這值一千法郎的金幣。但是從這天以後，巷子裡賣膠水的商店生意好到膠水供不應求。原來呀，那名中年男子就是這間商店的老闆，由於他的店面位屬偏避，生意不佳，所以他想出了像這樣的一個行銷妙方。

你看出來了嗎？營造話題，創造商機，就是一種行銷。

1974年，美國政府因為翻新自由女神而產生的大批廢料傷透腦筋，這團廢料包括廢金屬、舊木材、灰塵等等，美國政府向外招標，尋找能夠清除這些廢料的廠商。幾個月過去了還是毫無消息，眼看著這些廢料就快造成公共汙染，此時有一位猶太人前來探察，他在觀察過這批堆積如山的廢材之後，立刻與美國政府部門簽下合約。許多廢料回收公司都竊笑他的愚蠢，因為他們認為這是一個吃力不討好的投資，然而，這名猶太人將廢材進行分類，廢金屬的部分融化再鑄成小自由女神像、舊木材加工成小自由女神像的底座、廢鋁的邊角斜切後做成鑰匙圈，他甚至將自由女神像中掃下來的灰塵都包裝起來賣給花店，這些廢材經過加工處理，最後售出所得的價錢是當初收購的數十倍，而且還供不應求。不到三個月的時間，猶太人已讓這批廢材全數售出，變成了350萬美元的價值，是當時每磅銅價格的一萬倍。

這是一個很有名的行銷案例，別人眼中不值錢的廢物，在懂得行銷的人運作後，會成為創富的商品，帶來名利雙收的契機。

要讓行銷變容易的要訣是「創造需求」，一旦需求出現了，行銷的空間也就展開了。需求可以分成兩種：需要和想要，以下就來看看它們的定義。

1.需要：還記得在「不只是呼口號的目標」中提到的馬斯洛金字塔嗎？底層的三項——生理、安全、愛與歸屬——是屬於需要的層次，而為達特定目的所做出的必要行為也屬於此類，比如說，需要工作以賺到錢、需要通勤以去到某個地方、需要容器以達到收納。

2.想要：馬斯洛金字塔上層的兩項——自我尊重、自我實現則屬於想要的部分。非必要性的行為，像是享受服務、擁有額外的裝飾品、超出平均的生活品質等，較精神層面的提升也是屬於想要的需求。

用買衣服的例子來讓「什麼是需要、什麼是想要」被更加清楚地區分。衣服的原始功能只是用以遮蔽及保暖，這麼說，在沒有保暖需要的夏天，女生其實擁有三片葉子就夠了，而男生只需要一片，但我們卻有著一櫃又一櫃的衣物，且似乎感到衣服永遠都少那麼一件。原因就出在「想要」上面，因為我們想要更美、想要更體面、想要更多、想要更好。

無論你選擇創造哪一種需求，其實都是可行的。在需要及想要兩方面，我各提供三個例子讓大家參考。

運用需要的行銷

廉價航空——將我送達目的地

我們搭乘飛機是為了什麼？不就只是為了到達彼端嗎！

廉價航空是以一般機票價位約十分之一就可以買到機位的航空公司。最早的廉價航空是1971年創建於美國的西南航空（Southwest Airlines），而從1973年至今，西南航空公司年年都處於盈利的狀態，甚至在2001年的911恐怖攻擊事件之後，成為全美國唯一有盈餘的公司，營收達全球之冠。

這類廉價航空會成功的原因在於它把自己定位為「運輸業」而非「服務業」，只負責將人安全送達目的地，因此大幅縮減了空服人員數量及服務頻率，省去機上餐飲服務、不免費提供報紙及視聽用品，甚至連輪椅等輔助型器材都需要以「費用另計」的方式才能獲得，並且使用較偏遠的機場起降、托運行李以重量計價等，這些舉動大大壓低了營業成本，然後反映在票價上，讓顧客買到超低價機票。

西南航空為了增加每個班次的載客數，不僅機艙內的活動空間因座椅增加而縮小，還曾要求一名體重超過220公斤的女子多購買一張機票，否則拒絕其登機。

全聯福利中心——實在，真便宜

原本為供應軍公教福利用品的「中華民國消費合作社全國聯合社」，在1998年從國營事業轉為民營化，從此，軍公教福利社正式更名為「全聯福利中心」。當時的全聯受到連鎖便利超商蓬勃發展的影響，生意虧損連連，但被新的領導者接管經營之後，全聯逐漸轉型、脫胎換骨，從原先的68家分店，至2011年已在包括金門地區完成600店慶活動。

全聯之所以能行銷成功，在於它充分滿足了大家的需要，而且只滿足需要。還記得全聯在2006年時推出了一則廣告〈豪華旗艦店篇〉嗎？廣告內容提到：全聯的豪華旗艦店沒有明顯店招、沒有附設停車場、沒有寬敞走道、沒有拋光石英磚、沒有漂亮的制服、而且沒有刷卡服務及宅配等，這些它所沒有的，也正是不必要的東西。這樣自曝其短的行銷手法，是以「便宜」作為策略，以節省開銷的核心競爭力來保證產品的品質、打出愛惜金錢的口號、做其他公司不做的社區型量販店，成功讓「全聯就在你身邊」滲透進我們的生活當中。

虎標萬金油——所有人都買得起的萬用藥

在曼秀雷敦軟膏（又稱小護士或面速力達母）還沒普遍於生活當中時，家家戶戶都至少有一罐萬金油，現在的萬金油我們能用它治療蚊蟲叮咬、皮膚癢、輕微燙傷、暈車或腹部脹氣，有鎮痛止癢、活血消腫的功用，而以前能內服的萬金油

還可以治療感冒、鼻塞、頭痛等，可以說是萬能的良方。

萬金油的發明者是一位福建行醫賣藥者的兒子胡文虎，1892年時，中國原本就貧困的永定縣發生了災荒，街頭到處都是討錢過日子的窮苦人家，胡文虎看到如此悽慘的景象心生不忍，於是在賣燒餅商人的棍子下救出一名偷吃餅的乞丐之後，性格倔強的他便暗自發誓：「有朝一日，我一定要發明一種東西能幫助貧苦的百姓，而且這東西有錢人也需要掏錢出來買。」後來，胡文虎到亞洲各地學習藥品製造技術時，注意到中國及東南亞各國生活水平較低下，熱病等流行病情形非常嚴重，雖然西藥方便攜帶及服用，但價格根本就讓大多數人買不起，所以他決定要研發一種對於熱病有特別療效、價格便宜且便於攜帶的中藥，最後，虎標萬金油便誕生了，他也把父親的藥鋪改名為永安堂虎豹行。之後，胡文虎的弟弟胡文豹拿了一些萬金油免費送給買不起藥的人使用，這些被免費萬金油治好的病人成了免費的行動宣傳，慢慢的，藥鋪名聲越來越響亮，甚至連當時英國駐新加坡的總督夫人也連聲叫好。1929年，胡文虎在新加坡的藥廠每個月已經可生產超過36萬罐的萬金油，1932年，虎標的藥品已行銷至歐美國家，而在東南亞地區也成了家喻戶曉、家家必備的藥物。

「需要」就像樸實的基層勞工，雖然不表現在檯面上，但卻是撐起一切的基石。

運用想要的行銷

鑽石—— 一顆永流傳

鑽石璀璨生輝、閃爍光芒的樣子多麼動人，它不僅是財富與地位的象徵，許多人也以鑽石作為訂情戒指，象徵恆久不變的愛情。打開電視，也會發現有不少藝人總是喜歡談論所得到的鑽戒有幾克拉，甚至還會開玩笑說：「哀呀，他不夠愛妳喲？」不過說真的，鑽石對愛情堅貞的象徵其實是不必要的，買不起鑽石的人也會有恆久的愛情，在愛情小說或是偶像劇裡不也常看到女主角因為一個鋁罐拉環而感動得痛哭流涕的故事嗎？

鑽石工藝自13世紀車工技術被發明之後逐漸發展，19世紀時在南非境內發現鑽石礦源，現代鑽石工業就此誕生。鑽石切割法的演進，代表著「想要」，我們想要鑽石增加光線反射、我們想要鑽石更為璀璨、我們想要鑽石讓自己更顯雍容，鑽石的真正「需要」不過是工業上製作探頭及切割玻璃等高硬度物質之用，經過琢磨後的「鑽」石是我們想要的名字，而未經琢磨的「金剛」石，才是它原始具備的本質。

Louis Vuitton——世界最大的精品集團

LV的包包、皮件等是男女都愛用的世界品牌，以旅行箱起家的LV因為卓越的技藝以及特殊的獨創布料，在創辦後一世紀內就成為歐洲上流社會愛用的經典名牌。而後來

造成LV在世界各國聲名大噪的原因是鐵達尼號郵輪（RMS Titanic），從1912年鐵達尼沉沒直至1985年時被海洋學家發現並開始展開打撈作業後，發現打撈出的LV旅行箱內部竟然是乾的！超過70年的海水沖蝕，旅行箱竟然還能達到「滴水不漏」的境界，因而LV的精工被一舉推到望塵莫及的地位。

但說到裝行李、裝東西，不就只需要一個塑膠袋，甚至像中國古代遠行時用一塊布包一包就好了。如果你嫌這樣不實用，那好一點的包包也只需要做到容量和不讓東西遺落，不需要做到如密封罐般滴水不漏的程度。而LV製作這種追求卓越的產品，還能客製化的為顧客印燙上姓名等服務，無疑是發展「想要」的市場，讓高消費族群能獲得更超群的東西。

三宅一生——百料魔術師

三宅一生（Issey Miyake）服飾是被國際公認的日本時裝品牌，除了完美拆解、融合了東西方文化及設計風格之外，他還被譽為「百料魔術師」。三宅一生改變了一般人對時裝及成衣必須平整光潔的制式看法，他運用各種可能或是不可能的素材製作布料，比如說日本宣紙、棉布、亞麻、聚酯纖維、油布、雞毛等，對他而言，服裝的設計沒有任何禁忌，一件單品能同時擁有數種迴異的穿著方式，而獨特的剪裁結構及大面積的拼接衝突，都是他慣用的設計手法。

「皺褶」和「輕薄易乾」一直是三宅一生最大的特點。

皺褶除了是他個性的代表之外，他希望自己設計出的服裝會讓人感到猶如第二層皮膚般舒適服貼，皺褶的功能便能履行這個任務，它能讓穿上衣服的人有足夠的活動延展空間。而三宅一生輕薄易乾的布料更成為生活節奏越來越快的現代女性的致命吸引力，因為它的服裝可以水洗、可以在幾個小時之內晾乾，更可以任意扭曲及折疊。

這些獨特性，深深滿足了想要顛覆傳統、打破框架的人，服飾不再只是遮掩、美感之用，而更多了舒適性、表達性及奔放的創造力。三宅一生也因此獲得美國時裝設計師協會獎、時裝奧斯卡獎、MAINICHI設計獎、日本政府頒布勳章，更在1992年被《星期日時報》評為創造20世紀的一千人之一。

「想要」很迷人，它有著無限的創意和可能，掀起每個人心中的漣漪。

市面上一大堆的行銷書籍和行銷概念的演講，都在教導我們滿足需求和創造需求，論點都執著於我們該怎麼創造「想要」，而冷落了完成「需要」，但我認為其實只要能滿足基本需要也足以產生龐大的交換性。我無從知道你訂的目標是什麼、你擁有什麼樣的秘密武器、你當前遇到的困境、你身處的人際網絡，因此我沒有辦法替你貼身打造你的行銷模式，然而正因為每個人的狀況不同，所以當你準備要行銷**「我」**的時候，也不一定是選擇哪一種經營策略，但一定要能與你的目標產生交易才行。

上面提到的是企業行銷的例子，行銷**「我」**也是如此，接下來我們來看看針對「個人」該怎麼做吧！

對個人而言，我們經常做的行銷就是換得身邊重要的人、事、物，比如說：用撒嬌交換愛情，用孝順交換親情，用等待交換幸福，用真誠交換友誼，用閱讀交換學識，用旅行交換視野，用健康交換成就……。

讓我再來說個小故事吧！

有一個等待夜歸丈夫的妻子，她思索著自己該做什麼事來滿足丈夫的需求，進而換取丈夫的疼愛。到底是要煮一頓豐盛的宵夜來滿足丈夫的「需要」，抑或是換上性感睡衣以達成丈夫的「想要」呢？

其實不論妻子最後選擇的是哪一種行銷手法，都不是臨時決定臨時上陣的，平常勤練廚藝、努力不懈的保養、掌握丈夫的喜好、適時的出聲，都是她能夠在關鍵時刻創造需求，將自己成功包裝並且推銷出去的重要原因，而相信她的丈夫必定也會願意用更高價的疼愛，向妻子購買這些誘人的需求。

當然，對行銷而言，除了「需要」和「想要」之外，也會因別出心裁而創造佳績。

別出心裁的行銷

有時讓行銷轉個思考點也會創造奇蹟。某家電台聘請了一位商業奇才為訪問嘉賓，他對著麥克風說：「我出個題目和大家互動吧！某個地方發現了大批的金塊，在不屬於任何人的荒地中，人們一窩蜂地湧去淘金，但是一條湍急的大河擋住了淘金的必經之路，請問你會怎麼做？」聽眾call in進去，有人說：「繞道」、「游過」、「溜鋼索」，也有人說：「造作橋吧，方便來回。」……，為了淘金夢，聽眾說出了各式各樣的答案，但就在這時，收音機悠悠地傳出嘉賓的話：「為什麼非得要自己淘金呢？如果你看準大家正絞盡腦汁要渡河淘金，為什麼不買一艘船開展運輸業呢？」聽眾愕然，只聽這名嘉賓繼續說：「淘金的吸引力，必定可以讓你剝削到淘金客身上只剩一條內褲，他們也會心甘情願，因為大家的眼中只有黃金。」

另外，在佛羅里達州有一位農夫，花了大筆錢買下一塊農地，等農夫搬進去後他發現這塊土地異常貧瘠，既不能種植物也不能養動物，唯二能生存在這塊土地上的只有白楊樹和不知哪裡來的大量響尾蛇，這景象讓農夫十分沮喪。有天，農夫突然想到一個主意，既然不能種植作物，那麼他要利用這些在農地上生活的響尾蛇好好的經營。這位農夫改成以飼養響尾蛇為業，將響尾蛇的肉做成罐頭，並開放遊客參觀蛇園，每年來參觀響尾蛇的遊客大概都有兩萬人以上，從響尾蛇中提煉出來的蛇毒運用到各大藥廠製作血清，蛇皮則以很高的價位賣出去，製成各種款式的鞋子跟包包。他的生意越做越大，他的成功甚至讓這個村子現在改名為佛羅里達州響尾蛇村，並且連當地郵局都以此做為郵戳，供遊客收藏。

以上兩則故事，成功行銷的秘訣都是因為打破傳統、看準人性而成功。行銷必定與「人」有最密切的關係，我們必須確實觀察周遭的人、與他們交談，對於他們內心的想法才能有更深刻的認識。此外，也要謹記第一印象的重要性，因為外表是最明顯的履歷，儀容整潔、良好形象常是行銷是否成功的先決條件，而對方是否要接受你的行銷，舉凡說話技巧、經營策略、執行力等都將是致勝關鍵。

一個成功的行銷需要包含太多，當然還需要義無反顧的努力。什麼樣的商品絕對不容許出任何差錯呢？答案是降落傘，這個產品還真的不能有任何疏失，否則就是拿人命開玩笑，製作降落傘工廠的主管說：「為了要維持降落傘的品質，我們在每一批降落傘要出廠之前，都會隨機抽樣交給製造降落傘的工人，讓這些工人到高空中負責進行試用降落傘的品質檢定。你想，誰敢不好好工作，誰敢不將降落傘做得安安全全的，因為第一個使用者就是他們自己啊！」

我想，在行銷**「我」**時膽大心細地執行是必需的，隨時本著不想做就會丟飯碗，要有「做不好，命就會不見」的決心。我們可以在日常生活中多多練習，養成行銷的決心，從小地方、小目標開始，慢慢累積起的經驗能讓你在重大時刻發揮智慧。行銷是一場刺激的遊戲，也是一個富有成就感的挑戰。

經過這17個章節的學習，相信你已經開始懂得設下目標、運用策略，怎麼經營和包裝好自己、怎麼打開知名度、怎麼將自己大力的推出去。每個章節中，我都提供許多不一樣的法則，你只需要在當中挑選符合你目標的做法，再將其組合完成並確實執行，相信當你要交易**「我」**的時候，一定能成功讓自己被「重新訂價」。

總之，需要、想要，都重要。

DO YOU WANT
TO MARRY ME?
YOU JUST NEED
BUT YOU WANT
PRICE $0.00
FROM CANS
PRICE $10,000.00
FROM PITS

結語

米開朗基羅正在為一個雕像做最後修飾，此時，他的好友忽然到訪。這位好友是第二次拜訪米開朗基羅了，他說道：「你的動作太慢了，已經過了這麼長的一段日子，我看你的工作一點進度也沒有。」米開朗基羅緩緩地回答：「我花了許多時間在整修這個作品，例如：讓它的眼神看起來更炯炯有神，膚色更貼近真實的視覺感，讓某部分的肌肉顯得更有力。」他朋友不以為然地說：「天呀，這不都是一些別人看不到的小細節罷了！」米開朗基羅說：「是的，這些都是小細節，但只要將每個小細節都處理安排妥當，雕像就會成為完美的作品。」

又好比有位醫學院的教授，在某次上課時，他對著學生說：「人生啊，最要緊的就是膽大心細。」說著說著，他便將一隻手指頭伸進桌上一杯裝有尿液的燒杯中，再將手指放進自己的嘴巴，接著他將這杯尿液遞給學生，要每個學生照著他的動作做。每個學生都忍住噁心，把深入尿杯的手指再塞進嘴巴中，待全班傳完那杯尿液後，教授笑著說：「太棒了！你們每個人都夠膽大，但卻不夠心細，因為你們沒有注意到，我放入燒杯的是中指，但放進嘴巴的卻是食指。」

這本書中的17個章節，每一個主題大家好像都似曾相

識，也都可以針對這些話題聊上幾句，或說出長篇道理，但人生競賽中如果只靠實務經驗跟思緒其實是不夠的，應該經過理論的彙整和成功的印證，這可以讓一些細枝末節的事，變得更加清楚明朗。不是常有人說：「惡魔藏在細節中」嗎？這本書就是在這樣的思考架構下產生的，我希望《重新訂價》能讓讀者在已然成形的人生中再加些細節，在執行「重新訂價」時，建議讀者要膽大心細，觀察入微才能事半功倍，因為我相信越是追求細節的人，越貼近成功。

被譽為美國心理學之父的威廉·詹姆士（William James）說過：「播下一個行動，你會收穫一種習慣；播下一種習慣，你會收穫一種性格；播下一種性格，你便收穫一種命運。」他還說：「我們應該盡可能的將有用的行為自動化、習慣化，而且越早越好、越多越好。」在本書中，或許有些知識你早已視之為常識，但我相信書中更有你還未曾知道的，以及知道卻未曾實踐過、未曾組合執行過的想法。那麼，就趁現在盡早嘗試吧！

你的每一個行動，都將是扭轉命運的重要樞紐。

2011年10月

與您共勉之

在最後，我要感謝讀心理系的大女兒，她在這本書中佔有很重要的位置，她提供了許多關於心理學理論與數據方面的參考；也要謝謝我有位對文字認真的小女兒，她在這本書中擔任的是潤筆跟校稿的重責。期待這本書可以成功幫助大家「重新訂價」，獲得更好的生命價值。

參考資料：

英文書籍

David G.myers-exploring Psychology（eighth edition）-Worth Publishers 2009 ISBN：9781429238267

中文書籍

張忠樸/人生不標準的答案/天下文化 2002/05/31 ISBN：9864170090

朱博湧等作/藍海策略臺灣版/天下文化 2006/01/20 ISBN：9864176277

張國維/行銷管理（二版）/雙葉書廊 2007 ISBN：9789867433824

曾小歌/人生，沒有彩排/中經社 2004/03/01 ISBN：957292866X

子敏/和諧人生/麥田出版 1997 ISBN：9577084753

樺旦純/絕妙心理探索：看人的絕妙心理學/新潮 2003/03/31ISBN：9574524426

古又文/不讓殘酷的神支配：古又文的創作與人生/時報出版 2010/07/22 ISBN：9789571351513

吳寶春、劉永毅合著/柔軟成就不凡/寶瓶文化 2010/02/05 ISBN：9789866745973

蔣雅淇/精算大師2——賺錢就是要這樣/時報文化 2001/12/01 ISBN：9571335444

韓冰/智慧沙/大都會文化 2006/09 ISBN：9867651790

Shigeta Saitoh/改變人生的75個想法/種籽文化 2002/07 ISBN：9579218838

連雪雅（譯）/不冷場！人氣王的說話秘訣50招/三采文化 2007/02/05 ISBN：9789867137852

Intelligence 05

重新訂價——懂得改變，讓你贏得千萬身價

金塊文化

作　　者：陳冠伶
發 行 人：王志強
總 編 輯：余素珠
編　　輯：陳雅韵、陳薇韵、莊佳純
插　　畫：陳冠伶、陳雅韵、陳薇韵
美術編輯：JOHN平面設計工作室

出 版 社：金塊文化事業有限公司
地　　址：新北市新莊區立信三街35巷2號12樓
電　　話：02-2276-8940
傳　　真：02-2276-3425
E-mail：nuggetsculture@yahoo.com.tw

匯款銀行：上海商業銀行　新莊分行
匯款帳號：25102000028053
戶　　名：金塊文化事業有限公司

總 經 銷：商流文化事業有限公司
電　　話：02-2228-8841
印　　刷：群鋒印刷
初版一刷：2012年01月
定　　價：新台幣260元

ISBN：978-986-87380-6-5（平裝）
如有缺頁或破損，請寄回更換

團體訂購另有優待，請電洽或傳真

國家圖書館出版品預行編目資料

重新訂價：懂得改變,讓你贏得千萬身價 / 陳冠伶著.
-- 初版. -- 新北市：金塊文化, 2012.01
面；　公分. -- (Intelligence ; 5)
ISBN 978-986-87380-6-5(平裝)
1.職場成功法
494.35　　100026843

金塊文化

金塊文化